服装结构制图与工艺实训

编著 穆红

东华大学出版社·上海

纺织服装高等教育「十二五」部委级规划教材
高职高专服装专业项目教学系列教材

FUZHUANG JIEGOU ZHITU YU GONGYI SHIXUN

内 容 简 介

　　《服装结构制图与工艺实训》一书是服装专业学生入门级教材,书中以服装行业岗位工作任务与职业能力需求为主线,将与服装造型技术相关的服装面料、服装设备、服装结构、服装制板、服装工艺缝制等基础知识相结合,将服装结构原理与款式变化相结合。本书内容集编著者二十多年的实践教学经验,采用计算方法快捷的公式法制图,方便初学者在短时间内掌握服装制板的要领。

　　全书分为基础篇与应用篇。前三个项目为基础篇主要介绍裙装、裤装、衬衫基本款式的结构图绘制,讲解各部位制图原理。应用篇对服装分类中有代表性的款式进行结构图绘制,抓住款式变化规律,以达到举一反三、灵活应用的效果。书中项目四至项目六对裙装、裤装、衬衫的部件制作进行了详细介绍,每个部位分别介绍多种制作方法,让学生在实践中理解服装工艺与服装结构间的关系。应用篇中完成前面项目中典型服装品种的工艺缝制,并了解工艺流程的分析。

图书在版编目(CIP)数据

服装结构制图与工艺实训/穆红编著. —上海:东华大学出版社,
2014.12

　ISBN 978 - 7 - 5669 - 0691 - 5

　Ⅰ.①服…　Ⅱ.①穆…　Ⅲ.①服装结构-制图-教材 ②服装工艺-教材　Ⅳ.①TS941

　中国版本图书馆 CIP 数据核字(2014)第 286833 号

服装结构制图与工艺实训

Fuzhuang Jiegou Zhitu Yu Gongyi Shixun

编著/ 穆　红

责任编辑/ 张　煜

封面设计/ 潘志远

出版发行/ 東華大學出版社

　　　　上海市延安西路 1882 号

　　　　邮政编码:200051

出版社网址/http://www.dhupress.net

天猫旗舰店/http://dhdx.tmall.com

经销/ 全国新華書店

印刷/ 江苏南通印刷总厂有限公司

开本/ 787mm×1092mm　1/16

印张/ 16　　字数/ 402 千字

版次/ 2014 年 12 月第 1 版

印次/ 2014 年 12 月第 1 次印刷

书号/ ISBN 978-7-5669-0691-5/TS・571

定价/ 38.50 元

前　言

　　《服装结构制图与工艺实训》前导知识以服装行业岗位工作任务与职业能力需求为主线，将与服装造型技术相关的服装面料、服装设备、服装结构、服装制板、服装工艺缝制等基础知识相结合，将服装结构原理与款式变化相结合。本书内容集编著者二十多年的实践教学经验，采用计算方法快捷的公式法制图，方便初学者在短时间内掌握服装制板的要领。

　　全书分为基础篇与应用篇。前三个项目基础篇主要介绍裙装、裤装、衬衫基本款式的部位名称、结构线名称、制图顺序、结构图绘制、样板图绘制的详细介绍，使学习者快速入门，此内容在书中后三个项目中有缝制方法及缝制流程的介绍。书中通过对裙装、裤装、衬衫的部位分析，抓住服装款式变化规律，从局部到整体，将服装制板的基本理论穿插在服装款式变化实例中。应用篇中列举了服装分类中的代表性款式结构，以达到深入浅出、举一反三、灵活应用的效果。

　　项目四至项目六对裙装、裤装、衬衫三类品种的部件制作进行了详细介绍，每个部位分别介绍多种制作方法，让学生在实践中理解服装工艺与服装结构间的关系。应用篇中完成前面项目中典型服装品种的工艺缝制，并了解工艺流程的分析。

　　本书适合于服装专业学生学习服装结构与工艺基础知识及技能训练，也可作为业余爱好者自学的参考资料。

　　本书由穆红编著，无锡工艺职业技术学院教师参编。全书共分为七部分，许家岩编写前导知识；高岩编写项目一；穆红编写项目二、项目三；张晓旭编写项目四；吴萍编写项目五；祁睿靖编写项目六。全书由穆红统稿。

　　本书编写过程中，得到了许多同行专家的热情帮助。感谢顾韵芬教授对本书编写提纲和内容组合等提出宝贵意见；感谢众多学生对本书制图方面的支持与帮助。本书引用了一些国内外文献资料，在此谨向相关作者表达谢意！

　　由于编写时间与作者水平有限，文中难免有不足与纰漏，恳请业内人士与读者批评指正。

编者

目　录

前导知识

◎ **项目内容**

任务一,工作任务分析;任务二,服装结构设计基础知识。

◎ **学时安排**

4 学时。

◎ **教学目的**

通过对工作任务的分析,使学生对服装行业现状和工作岗位有初步了解;通过对服装结构设计基础知识的学习,使学生了解人体的基本构造和服装材料的种类,熟悉服装概念和术语、服装号型标准及体型分类,掌握人体测量和服装制图知识。

教学方式:示范式、启发式、案例式、讨论式。

◎ **教学要求**

1.掌握服装制图的规范和要求,熟记服装制图符号和常用部位代号。

2.熟悉人体测量部位,掌握人体测量方法,能独立进行人体测量。

3.掌握服装号型的定义,能查阅国家号型标准。

4.在教师的指导下,熟悉服装材料种类,能够区分面料正反面。

◎ **教学重点**

服装制图、人体测量、服装号型。

任务一 工作任务分析

一、服装行业的现状分析

(一)我国服装行业的发展现状

服装行业属于劳动密集型产业,企业具有投资少、见效快、技术含量较低等特点,因此进入门槛低,竞争相当激烈。目前,我国仍是世界上最大的服装生产国,但由于国内外需求、生产要素成本等诸多方面因素影响,我国服装产量增长乏力,增速一直呈下降态势。据国家统计局统计,2013 年我国服装行业产量达到 271.01 亿件,同比增长 1.27%,增速较 2012 年同期回落4.93 个百分点,增速进一步放缓。其中规模以上服装企业产量增速放缓明显,规模以下企业产量减少,见表 1-1。

表 1-1 2013 年服装行业规模以上企业产量情况

名称	企业户数(个)	产量(万件)	同比增长(%)
服装	10222	2710070	1.27
1. 梭织服装	7090	1392387	3.75
其中:羽绒服	413	29631	2.71
西服套装	634	58073	1.82
衬衫	663	108550	4.07
2. 针织服装	3947	1317682	−1.08

我国服装产业进一步向中西部地区转移,但整体发展仍不平衡。2013 年东部地区服装行业规模以上企业完成服装产量 215.86 亿件,同比下降 0.87%,占全国服装总产量比重79.65%。其中,产量居前三位的广东省、江苏省、浙江省,分别占服装行业全国总产量的比重为 20.66%、14.47%、13.44%。东部地区依然是我国主要的服装产区,但其产量比重较 2008年的 89.08%已下降了 9.43 个百分点,而中西部则逐年增加。

很长一段时间内,我国服装企业之间的竞争停留在价格、款式等方面的竞争,大部分企业的产品销售还是以批发市场的大流通为主。经过国际金融危机的冲击,我国以往依赖投资和出口的经济发展模式弱点日益显现。服装行业整体上饱受日益增大的库存压力、缺乏自主的设计风格、行业专业人才匮乏、服装产业链的不健全四大困境的困扰。中国服装企业的品牌意识虽然不断加强,但服装行业目前还只有几个有限的中国驰名商标,缺乏真正意义上的国际服装品牌,主要还是通过低成本优势在与国际品牌进行竞争。

国际金融危机后,伴随我国经济的平稳增长和全球经济复苏,我国服装外销市场复苏明显,内销市场规模继续扩大,服装行业整体各主要效益指标增速基本平稳、缓慢增长。我国2013年服装鞋帽、针纺织品类商品零售额累计11414亿元,同比增长11.6%。服装消费向网络转移更为明显,以淘宝网为例,2013年淘宝网服装类商品销售额同比增长117%,服饰品牌"Jack & Jones"在"双11"一天的销售金额高达1.72亿。2013年我国累计完成服装及衣着附件出口1782.24亿美元,同比增长11.28%,服装出口数量为313.59亿件,同比增长8.46%。出口对象更具多元化,传统市场出口回稳,新兴市场增速明显。我国服装行业目前已经呈现出整合、调整和提升的趋势,进入更加复杂的经营竞争格局,已进入产业、品牌、商务、文化、社会以及资源价值、商业规则和社会责任的系统复合经营的深度竞争时代。

"十二五"期间,是我国由纺织服装大国迈向纺织服装强国的关键时期,我国服装行业通过引导纺织服装产业链的集成创新,达到"产业集体提升,企业部分突围"的目标。同时,纺织服装业不再是单纯意义上的传统加工制造业,而是融合了信息化和工业化的产业,ERP的实现大大提高了企业的生产管理效率,行业正在加快建立现代产业体系,由单纯的生产型向生产服务型转型。我国纺织服装业应以"扩内需、调结构"为总体要求,围绕"集成创新",以自主创新、技术改造、优化布局为重点,着力构建现代化产业体系,切实提高纺织服装产业的核心竞争力,大力推动产业结构调整和产业升级。

(二) 服装企业的分类

OEM,即 Original Equipment Manufacturer(原始设备制造商),又称贴牌加工,指由采购方提供设备和技术,由制造方负责生产、提供人力和场地,采购方负责销售的一种现代流行生产方式。外贸和外发加工型服装企业的生产主要取决于客户订单,由客户提供服装产品工艺制造单和样衣,也就是服装来样或订单的样衣试制形式。该类服装企业的核心竞争力是降低生产制造成本,并将产品品质维持在客户可接受的范围内。OEM 贴牌加工是我国服装产品进入国际市场成本最低的方式之一,企业不需要负责研发、营销和分配等环节,节省了相关费用,成本投入小。

ODM,即 Original Design Manufacturer(原始设计制造商)的缩写,是指专门接受其他企业从产品研发到设计制造等要求进行贴牌生产,而不创立或使用自己的品牌。某制造商设计出一种产品后,在某些情况下可能会被另外一些品牌的制造商看中,要求配上后者的品牌名称来进行生产,又或者稍微修改一些设计来生产。这样做的最大好处是其他厂商减少了自己研发时间。对服装来讲,客户只需向 ODM 服务商提出只需提供产品的构思(如只需提供设计图)或需要某一类的产品(如休闲女裤),ODM 服务商就可以将产品从设想变为现实。OEM和 ODM 两者都统称为代工生产,因为其生产的产品上都没有本身企业的品牌标注。

OBM,即 Original Brand Manufacturer(原始品牌生产商)的缩写,指的是生产商自行创立产品品牌,生产、销售拥有自主品牌的产品。简而言之,自己设计,自己生产。OBM 要求企业自己注册商标开拓市场,在发挥设计制造优势的同时,创建自有品牌。如何开拓国内外市场,做强自身品牌对企业而言是一个大转变和考验。

面对日趋竞争的国际化市场,中国的服装生产受到越南、印度、孟加拉国、墨西哥等新兴国家的巨大冲击。中国的 OEM 服装企业面临着前所未有的压力,同时,也面临着利润微薄、无法控制营销过程、丧失经营自主权、妨碍自主品牌推广的困境。因此,品牌转型、创立自主创新品牌、走 OBM 之路,才是中国服装品牌摆脱市场困境、走出国门、可持续发展的有效途径。

二、服装企业岗位职责

在服装企业的管理实践中,如何选择合适的生产组织模式是企业要考虑的一个现实问题。目前,我国服装企业的组织结构大多数仍以直线职能架构为基础。但随着国内劳动力成本急剧上升、国际环境持续低迷,服装企业利润下降、风险增大,管理模式的改变与升级已成为服装企业突围的唯一出路。

采用先进的管理方法、拥有一支优秀的管理团队成为服装加工企业的核心竞争力。图2-1是大型服装企业的常见组织架构。企业为提升自身竞争力,对从业人员的要求也有了很大变化。

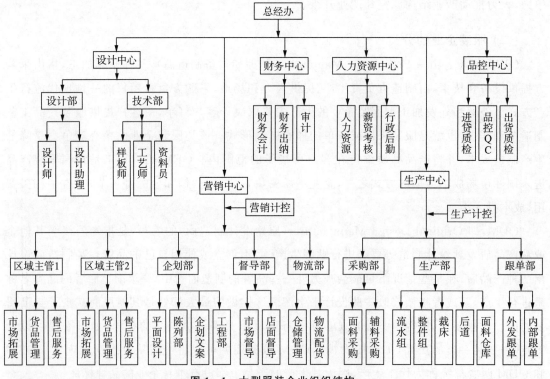

图 1-1 大型服装企业组织结构

1. 设计岗位(设计师、设计助理)

对潮流高度敏感,能很好把握流行趋势,具备服装设计师的色彩组合、设计组合、零售终端陈列组合等一系列在实际操作过程中必备的具体工作技能;具备优秀的绘画基础,了解技术、工艺、制板的具体操作内容。

2. 技术岗位（样板师、工艺师）

样板师、工艺师是服装生产企业的核心技术岗位。

样板师：精通制板、工艺设计、放码及生产的流程；掌握服装 CAD 软件及手工打板；根据生产工作计划要求，能及时提供准确单件用量，并进行各款的唛架排定。

工艺师：精通服装工艺、熟悉服装制作基本流程知识，了解制版基础知识；掌握缝制技能，会多种设备的操作。

3. 生产管理岗位

从事生产管理工作的任务就是运用计划、组织、控制的职能，把投入生产过程的各种生产要素有效进行组合，负责实施上级下达的生产任务指标，贯彻落实到班组；制定和执行现场作业标准及工艺流程，从而使生产的产品按照客户的需要进行，保证进度和质量；实现全面均衡有节奏的同步生产，使最终的成品便于包装及装箱。

4. 服装质量检验岗位（QC）

协助组织落实各项质量目标(产品质量、生产工艺、部门流程等)，贯彻质量方针；现场巡检预防质量事故的发生，解决现场的质量问题，参与质量事故的调查并编制分析报告；参与产品缺陷及故障分析并进行跟踪处理。

5. 销售、督导岗位（店长、督导员）

销售岗位：接待顾客的咨询，了解顾客的需求并达成销售；负责做好货品销售记录、盘点、账目核对等工作，按规定完成各项销售统计工作；完成商品的来货验收、上架陈列摆放、补货、退货、防损等日常营业工作。

督导岗位：确保直营店铺按质、按时实现工作计划、销售目标；对公司各项方针政策在直营店的执行情况负责；对市场调研内容准确性负责；对所掌握的销售数据的安全负责；对直营店销售任务、培训结果、陈列状况负责；负责专卖店内新品上市的前期准备及店铺后期执行的相关工作。

6. 业务跟单岗位（跟单员）

跟单员是指在企业运作过程中，以客户订单为依据，跟踪产品，跟踪服务运作流向的专职人员(不能兼职，替代)。跟单员的工作几乎涉及企业的每一个环节，从销售、生产、物料、财务、人事到总务。跟单员的核心工作是客户、订单、交货期。

7. 采购岗位（采购员）

根据生产采购计划，及时进行原料采购，并做好所采购原料的规格、型号、数量、性能等方面的记录；严格按照工艺标准进行采购，保证采购原料的质量符合公司所需。

任务二 服装结构设计基础知识

一、服装结构基本概念与术语

（一）基本概念

1. 服装设计

涵盖服装款式设计、服装结构设计和服装工艺设计三大部分。其中，服装款式设计着重于用时装画来表现出设计师的构思；服装结构设计主要考虑更加合理地实现款式设计的构思，并将其具体化为服装结构图形（服装样板）；服装工艺设计的重点在于根据服装结构图，设计合理可行的成衣制作工艺，并制定相应的质量标准。

2. 服装结构

服装各部件和各层材料的几何形状以及相互组合的关系。一件立体造型的服装可分拆为多个平面的服装裁片，这些平面的服装裁片就是服装的基本结构。服装结构是构成服装造型的基础，受人体体型结构因素的制约。

3. 结构制图

亦称裁剪制图，利用平面结构设计的方法在纸张或布料上绘制出服装结构线的过程。在成品图样中，不包括缝份和贴边的结构制图方法为净样制图；外轮廓线包括缝份和贴边量的结构制图方法为毛缝制图。

4. 平面结构设计

即平面裁剪，俗称平裁。在纸或面料上，采用一定的比例分配计算公式、制图规则及结构设计原理，将选定的服装款式分解成平面结构图（或衣片），是最常用的结构设计方法。平面结构尺寸较为固定，比例分配相对合理，操作性强，有很强的系统理论性，便于初学者掌握与运用。适用于立体形态简单、款式固定的服装。平面结构设计方法可分为比例法和原型法。

5. 立体结构设计

即立体裁剪，俗称立裁。设计师依据构思，将布料（如白坯布）覆合在人体或人体模型上，用大头针等工具，通过收省、打褶、起皱、剪切、转移等方法直接表现出服装造型。由于立裁直接以人台或模特为操作对象，设计师可以直接观测服装的空间形态和造型效果，因此具有较高的适体性和科学性。常用于款式复杂或悬垂性强的面料的服装结构造型。

6. 服装样板

又称服装纸样，是服装结构最具体的表现形式。结构设计师（打板师）根据创作设计师的服装效果图和规格,通过平面或者立体的结构设计手法,将服装分解为互不重叠的结构图,然后刻画或复制在纸板上所形成的样板。

服装样板分为两大类:

(1) 净样板,直接从结构图上复制出来的结构图;

(2) 毛样板,在净样的轮廓线条上,加放缝份、折边、放头等缝制工艺所需要的量,并勾画、剪制出来的纸样。

制作服装样板的过程叫做服装打板(俗称出纸样),也称为服装结构设计,是服装厂的核心技术。

7. 服装工业样板

在结构设计的母版基础上,按照号型系列的要求进行放大或缩小,制作而成的系列服装样板。该制作过程被称为"推板"或"放码"。

工业样板根据服装企业的生产程序的不同,可分为裁剪样板和工艺样板,见图1-2。裁剪样板是在服装裁剪之前排唛架时使用,而工艺样板则是在缝制服装的过程中使用的。随着电脑 CAD 纸样的应用和普及,如今工业纸样都是电脑自动化排唛架或者电脑裁床系统。

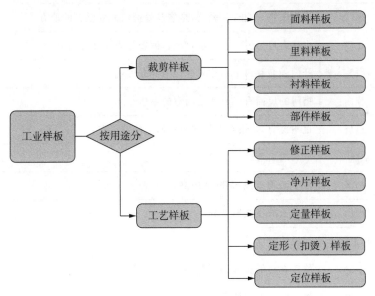

图1-2 工业样板的种类

8. 服装用线条

(1) 基础线:结构制图过程中使用的纵向和横向的基础线条,为细实线。

(2) 轮廓线:构成服装部件或成型服装的外部造型的线条,为粗实线。

(3) 结构线:能引起服装造型变化的服装部件外部和内部缝合线的总称。

(二) 服装术语

服装术语的作用是统一服装制图中的裁片、零部件和线条、部位等的名称,使其规范化、标准化,以利于行业交流。

服装术语的来源大致有几方面:

① 约定俗成,如领子、袖头、劈势、翘势等;

② 服装零部件的安放部位,如肩襻、袖襻等;

③ 零部件本身的形状,如琵琶襻、蝙蝠袖等;

④ 零部件的作用,如吊襻、腰带等;

⑤ 外来语的译音,如育克、塔克、克夫(袖头)等;

⑥ 其他工程技术用语的移植,如轮廓线、结构线、结构图等。

服装术语在类别上通常分为:部位术语,如肩部术语中的总肩、前过肩、后过肩;部件术语,如衣身、衣领、衣袖、腰头等;工艺术语,如省道、褶、裥、衩等;结构制图术语,如衣身基础线中的衣长线、胸围线、落肩线等。表1-2为服装制图常用术语。

表 1 - 2 服装制图常用术语名称表

术语名称		说明
部位、部件术语	搭门	前身开襟处二片叠在一起的地方,分大襟(一般锁扣眼)、底襟(钉扣)
	撇门	也称撇胸、撇止口、撇势,是领口处搭门需要撇去的地方
	止口	也称直口,是搭门,领子,口袋,裤腰等边缘缝合的地方
	驳头	开门领前领口下面往外翻转的部分
	挂面	搭门的反面有一层比搭门宽的贴边
	过肩	也叫覆肩,是指覆在男式衬衫肩上的双层布料
	袖窿门	上衣前后身缝合的袖窿窝
	袖深	袖子上端至根部分(袖山高)
	袖山	袖子上端呈弧形部分
	袖根肥	袖根的宽度
	摆缝	前后衣片的拼缝处,即左右侧缝
	领嘴	领口处往外放的宽度
	领口	分领深,领宽。深,指领口开的深度;宽,指领口开的宽度
	裆	裤子中的名称分上裆(立裆)、横裆、大小裆、中裆、下裆等
	裤子窿门	裤子前后裆缝合的地方
	克夫	又称袖头。缝接于袖子的下端,一般为长方形袖头

续表

术语名称		说明
工艺术语	省	又称省道、省缝,有胸省、腰省、肩省、腋省、袖窿省等
	褶	衣服要折进去的部分,与省不同的是一端缝死,一端散开
	推档	服装尺寸放大、缩小,各部位的轮廓也随之增减
	分割	根据人体曲线形态或款式要求而在上衣片或裤片上增加的结构缝
	衩	为服装的穿脱行走方便及造型的需要而设置的开口形式,如袖开衩
	塔克	将衣料折成连口缉成的细缝,起装饰作用
	眼刀	在裁片的外口某部位剪一小缺口,起定位、对位作用
	对刀	是指眼刀记号与眼刀相对,或者眼刀与缝子相对
结构制图术语	毛样	裁剪尺寸,包括缝份、贴边等
	净样	服装实际尺寸,不包括缝份、贴边等
	放松量	服装穿着在人体外面必须具有的余量
	画顺	光滑圆顺地连接直线与弧线、弧线与弧线
	劈势	直线的偏进,如上衣门里襟上端的偏进量
	翘(势)	衣服底边、裤子后腰等往上翘的地方
	困势	后裤片的横档线以上烫迹线与后缝的倾斜度。直线的偏出,如裤子侧缝困势指后裤片在侧缝线上端处的偏出量

二、服装结构制图的基础知识

服装结构制图作为工程制图的一种,受到个人经验和习惯等因素差异的影响。同时,服装制图又是组织和指导生产的技术性文件之一,应该以清晰准确、言简意赅为基本要求,因此,在制图过程中须严格遵循结构制图的规则和服装符号的使用规定。

(一)服装制图常识

1. 服装制图程序

在服装结构制图中,通常遵循以下程序:

(1)先画主部件,后画零部件。

    A. 主部件:上衣类主部件是指前衣片、后衣片、大袖片、小袖片。下装类主部件是指前裤片、后裤片、前裙片、后裙片。

    B. 零部件:上衣类零部件是指领子(领面、领里)、口袋(袋盖面、袋盖里、嵌条、垫袋布、口袋布)、装饰部件等。下装类零部件是指腰面、腰里、裤耳、垫袋布、门襟等。

(2)先画面料图,后画里料和衬料图。

（3）先画净样，后画毛样。

首先，绘制衣片的净样才能保证制图的准确性；然后，按照缝制工艺的具体要求，加放缝份及折边；最后，在制图上面注明标记，如经纬线的方向、裁片数量、对位号等。

（4）先做基础线，再做轮廓线和内部结构线。

做基础线时，一般先定长度、后定宽度，由上至下、由左至右进行。做好基础线后，再根据款式要求，在有关部位标示出工艺点，最后用直线、曲线或光滑的弧线进行连接，绘制出轮廓线。

2. 图纸布局

在服装制图中，一套完整的图纸由裁剪图和工艺图两部分组成。裁剪图中包括款式效果，衣片的裁剪图及尺寸，零部件和标题栏。

工艺图中包括各条衣缝的加工形式和方法，配用衬料，辅料的名称和规格，熨烫部位与要求等。

3. 制图比例

通常在同一结构制图中，各部件应采用相同的比例尺寸，且须在标题栏中进行标注，常用的制图比例见表1－3。如特殊情况下采用不同比例尺寸时，必须在该部件的左上角注明采用的比例，如M1：1、M1：2等。在服装生产中，标准样板的制作采用1：1的原比例；在服装教学中，结构图通常采用1：5的缩小比例，较小的零部件可采用1：3或者1：1、2：1、5：1等的变化比例。

表1－3 制图比例

原比例	1：1
缩小比例	1：2　1：3　1：4　1：5　1：10
放大比例	2：1　　5：1

4. 服装制图的长度计量单位

（1）公制：是国际标准的计量单位，服装上常用的计量单位是毫米（mm）、厘米（cm）、分米（dm）、米（m），以厘米为最常用。公制的优点是计算简便，是我国通用的计量单位。

（2）市制：是过去我国习惯通过的计量单位，服装上常用的长度计量单位是市分、市寸、市丈，以市寸最为常用。

（3）英制：是英美等英语国家习惯使用的计量单位，我国对外生产的服装规格常使用英制，服装上常用的英制计量单位为英寸、英尺、码，以英寸为最常用。英制由于不是十进制，计算很不方便。

表1－4 长度单位尺寸换算

1码＝3英尺＝0.914米	1英尺＝12英寸＝0.3048米	1英寸＝2.540厘米
1米＝3尺＝39.27英寸	1尺＝10寸＝0.333米	1寸＝3.333厘米
1米＝1.0936码	1英尺＝9.14寸	1英寸＝0.76寸
1公分＝0.03尺＝0.3寸	1尺＝13.12英寸	1寸＝1.31英寸

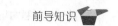

（二）服装结构制图符号

服装制图符号是服装从业人员在制作服装技术文件时,为了使服装图样统一、规范,便于识别、交流,而统一制定的一种规范性服装语言。常用的服装结构制图符号见表 1-5 所示。

表 1-5　常用服装制图符号

序号	名称	符号图示	说明
1	细实线	———————	表示制图的基础线和辅助线
2	粗实线	———————	表示完成衣片各部位的轮廓线
3	虚线	-------------	表示上下结构图不同时,表示下层纸样的轮廓线
4	点画线	—·—·—·—·—	表示双层料折叠线及衣片对折中心线
5	等分线	⌒⌒	表示某一部位,某段距离平均等分若干份
6	经向符号	←——————→	表示衣片在衣料上的经纱方向,也称丝缕
7	顺向符号	——————→	表示箭头的方向表示毛绒的顺向或图案的正立方向
8	等长标记符号	○　△　●	表示相同的尺寸
9	距离线	⊢————————⊣	表示部位的长度距离并标注尺寸
10	省道线	◁——　◁▷	表示某部位需要收省的位置
11	褶裥符号	▨▨▨	表示衣片上需要打褶的部分,斜线表示褶向方向
12	碎褶线	▥	表示抽碎褶的部位及放出的抽碎褶标记
13	罗纹线	≀≀≀≀≀≀	表示局部使用罗纹部位标记
14	省略号	⌐　¬	表示缩短长度
15	直角符号	└	表示两线应保持90°直角的符号
16	交叉符号	✕	表示衣片制图时交叉重叠部分
17	纸样合并符号	⊸ → ⊸	表示裁剪时要将纸样拼到一起

服装结构制图与工艺实训

续表

序号	名称	符号图示	说明
18	钮扣位		表示钉钮扣的位置
19	钮眼位		表示锁扣眼的位置
20	塔克线		表示放片需缉塔克的缉线标志
21	剪切符号		表示线段由此剪开
22	归缩符号		表示在缝制工艺中归缩烫的部位
23	拉伸符号		表示在缝制工艺中拔烫的部位
24	阴缉线		表示需要缉线的部位
25	刀眼符号		表示裁片某一位置与另一裁片的位置,并表示对位缝制
26	钻孔符号		表示上下层裁片需要对位的部位
27	缩缝号		表示在缝制工艺中抽缩"吃进"的部位

（三）服装结构制图部位代号

在服装结构设计中,为了统一规范、便于交流,通常采用部位代号制,见表1-6。

表1-6　服装主要部位代号

部位	代号	英文全称
头围	HS	Head size
领围线	NL	Neck line
胸围	B	Bust
下胸围（乳下围）	UB	Under bust
腰围	W	Waist
臀围	H	Hip
领围	N	Neck
中臀围线	MHL	Middle Hip Line
胸围线	BL	Bust Line
腰围线	WL	Waist Line
臀围线	HL	Hip Line
膝盖线	KL	Knee Line
颈肩点	SNP	Side Neck Point
颈前点	FNP	Front Neck Point
颈后点	BNP	Back Neck Point
肩端点	SP	Shoulder Point
袖长	SL	Sleeve Length
长度	L	Length
背长	BL	Back Length
胸高点	BP	Bust Point
袖口	CF	Cuff
袖窿弧长	AH	Arm Hole
肘线	EL	Elbow Line

（四）服装制图及制板的工具

在服装结构制图过程中,虽然对制图工具没有严格要求,但制图皆要求正确和规范,要学会使用专门的工具,并熟练掌握它的性能,否则制图很困难甚至无法绘制出规范的设计图,见图1-3。

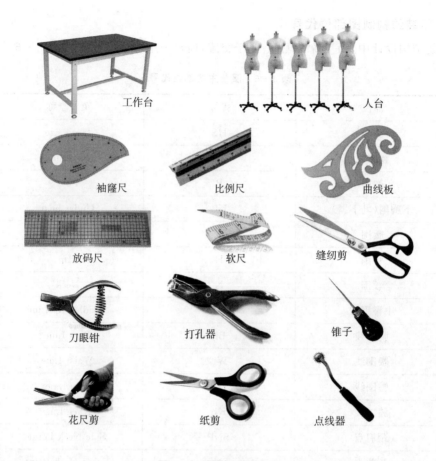

工作台　　　　　　　　　人台

袖窿尺　　　　　比例尺　　　　　曲线板

放码尺　　　　　软尺　　　　　缝纫剪

刀眼钳　　　　　打孔器　　　　　锥子

花尺剪　　　　　纸剪　　　　　点线器

图 1 - 3　服装制板工具

1. 工作台

指结构设计制图所需要的专用桌子,桌面平坦、没有拼接,桌台的大小可根据需要而定。一般高度为 80～85 cm,长度为 120 cm 以上,宽度为 80 cm 以上。

2. 尺

服装结构设计中常见测量、绘图工具有米尺、直尺、三角尺、比例尺、软尺、弯尺、袖窿尺、曲线板等。

（1）米尺:以公制为计量单位的尺子。长度为 100 cm,质地为木质或有机玻璃。在制图中用于长直线的绘制。

（2）直角尺:两边夹角为 90°的尺子,现在多用三角板代替。在制图中用于绘制垂直相交的线段。

（3）直尺:绘制直线和测量较短距离的尺子。长度有 30 cm 和 50 cm 等数种。

（4）比例尺:制图中用来缩放长度的尺子。刻度按照不同的放大或缩小比例而设置。目前比较常用的有三棱比例尺,它的三个面上刻有六个不同比例的刻度。

（5）曲线板:绘制曲线的工具。分为大小多种规格,小号的曲线板用作绘制 1∶5 缩小图,大号的曲线板用于绘制原大图。在绘制袖窿、袖山、领圈和裤裆线等曲线时非常方便。

3.铅笔、橡皮

服装制图中须使用专用的绘图用铅笔、橡皮。常用的铅笔有 H、HB、2B,根据结构图中线条的要求来选择使用。在 1∶1 实际制图中,基础线应选用 H 或 HB 型,结构线选用 2B 型。如果要在同一张图纸上面分别画出几种不同的分割线,可以选用不同颜色的铅笔来区分。

4.剪刀

(1)裁剪刀:剪切衣片或纸样的工具。其号型有数种。特点是刀身长、柄短,手握角度舒适。

(2)花齿剪刀:刀口呈锯齿形的剪刀。用于裁剪布样。

5.划粉

在衣料上面直接制图时所用的工具。

6.人台

人台种类繁多,主要用于造型设计、样衣补正或立体裁剪。根据造型分为半身和全身人台;根据使用目的,分成衣人台和展示人体;根据性别、年龄,分为男、女、儿童三大类人台。

7.样板纸

常用的样板纸有两种:一种是牛皮纸,用于制图和存档纸样;另一种是卡纸,用于制作生产用样板。

8.其他辅助工具

除了以上结构设计制图中的必备工具之外,还有一些其他常用的辅助工具,如打孔器、点线器、刀眼钳、圆规等。

三、人体结构与人体测量

服装的最初目的是人体的着装,依附于人体的外表,与人体有密切的关系。人体的体型和构造决定了服装的基本结构和形态,是服装设计、制作的主要依据。同时,服装产品的优劣主要通过人体进行检验和评价,一件"好"的服装要同时满足合体、舒适、美感三个方面。因此,要制作出"好"的服装,就必须先了解人体结构及体型特征,掌握人体测量方法。

(一)人体的结构

骨骼、肌肉和皮肤是人体基本结构的三大构成要素。骨骼是人体的支架,决定了人体体型的大小、各部位的比例、基本形状等。肌肉是人体表面曲面形态的决定因素,它的构成形态与发达程度影响人体体型。皮肤作为保护层覆盖在人体表面,富有柔软性。

成年人体共有 206 块骨骼,分为颅骨、躯干骨和四肢骨 3 个大部分。其中,颅骨 29 块、躯干骨 51 块、四肢骨 126 块。骨与骨之间通过韧带、关节或肌肉互相连接,为人体外形构成及动作服务。在服装结构设计中,为了满足人体的基本活动量,使服装更加合体,需要掌握骨骼的运动规律。

正常人体大约有650条骨骼肌,各种肢体动作都是靠肌肉的收缩和舒张牵动骨骼运动而实现。肌肉发达使体型丰满,肌肉干瘪使体型瘦小,但直接影响服装结构造型的主要是靠近体表的浅层肌,如躯干的胸大肌、腹肌、髋肌、臀中肌、下肢股肌、上肢的三角肌、肱二头肌等形成了人体外形的凹凸变化,直接影响制板时的外观造型处理。

人体的皮肤是躯体的保护层,对外形影响不大,而皮下脂肪依据人体的部位,人们的生活习惯、职业、性别、地域和年龄的差异而有所不同。通常,男性属于肌肉型体型,体表轮廓鲜明而富有阳刚气质;女性属于脂肪性体型,体表平滑、柔和而富有曲线美。

在服装结构设计中,根据人体的形态区域表面,将人体划分为四大区域:头、躯干、上肢、下肢。其中,躯干包括颈、胸、腹、背等部位;上肢包括肩、上臂、肘、下臂、腕、手等部位;下肢包括胯、大腿、膝、小腿、踝、脚等部位,见图1-4。这些部位和服装相对应的分别称为前中心线、后中心线、颈围线、颈根围线、胸宽线、胸围线、腰围线、腹围线、臀围线、腿根围线、膝围线、脚腕围线、臂根围线、肘围线、手腕围线等,见图1-5。

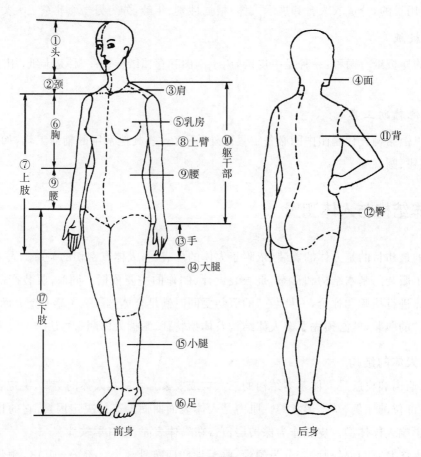

图1-4　人体部位划分

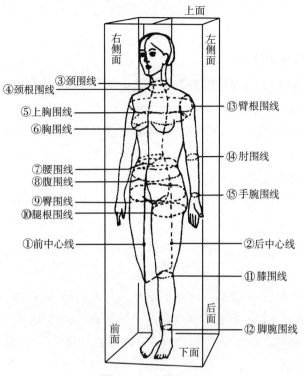

图 1-5　人体的线

　　人体骨骼的端点或突出点很容易直接显现于皮下,这些部位称为"基准点"或"骨点"。它是认识人体形态特征及进行测量的重要标志,如第七颈椎点、肩端点、肩胛骨点、胯骨点、耻骨点、踝骨点等,见图 1-6。

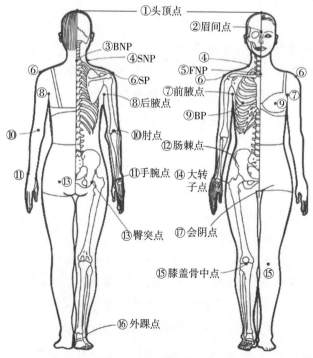

图 1-6　人体的基准点

(二）人体测量

1. 人体测量应注意的事项

（1）人体测量时，被测者应身穿贴身轻薄内衣，采用正确的立姿或坐姿，定点（人体基准点）测量人体净尺寸，以最大限度减少误差，提高精度。

正确的立姿，被测者挺胸直立，双目平视，双臂自然下垂，手伸直并轻贴身体，足跟并拢，足尖夹角约 45°；正确的坐姿，被测者挺胸坐在高度适合的座椅上，双目平视，大腿基本与地面平行，膝盖成直角，手轻放在大腿上。

（2）在测量时，应认真观察被测量者的体型是否有挺胸、驼背、溜肩、腆腹、凸臀等特征，并加测该部位尺寸。

（3）在测量胸围、腰围、臀围等围度尺寸，软尺需前后保持水平，不能过紧或过松，以平贴转动为宜。

（4）量体时要注意方法，要按顺序进行。一般是从前到后，由左向右，自上而下按部位顺序进行，以免漏量或重复。同一部位可多次测量求平均值，以减少误差。

（5）测量者要选用合适的测量工具，数据采用法定的计量单位（一般为厘米），同时要做好测量记录，注明体型特征。

2. 人体测量的部位

① 总体高：人体立姿，头顶点至地面的直线距离。

② 预椎点高：人体立姿，颈椎点至地面的直线距离。

③ 上体长：人体坐姿，颈椎点至椅子面的直线距离。

④ 下体长：由胯骨最高处量至与脚根齐平的位置。

⑤ 手臂长：肩端点至手腕凸点的距离。

⑥ 后背长：由后颈点（第七颈椎点）开始，沿后中线量至后腰中点。

⑦ 臀高：自腰围线至臀围线的长度、须在人体侧量侧量。

⑧ 前身长：由肩颈点经乳点至腰节线之间的距离，按照胸部的曲面形状测量。

⑨ 后身长：由侧颈点经肩胛凸点，向下量至腰节线位置。

⑩ 全肩宽：自左肩端点经过后颈点量至右肩端点的距离。

⑪ 后背宽：背部左右后腋点的距离。

⑫ 前胸宽：胸部左右前腋点间的距离。

⑬ 乳下度：自侧颈点至乳点之间的距离。

⑭ 乳间距：两乳点之间的距离，是确定服装胸省位置的依据。

⑮ 胸围：以乳点为基点，用皮尺水平围量一周的长度。

⑯ 腰围：在腰部最凹处，用皮尺水平围量一周的长度。

⑰ 臀围：在臀部最丰满处，用皮尺水平围量一周的长度。

⑱ 颈根围：经过前颈点、侧颈点、后颈点，用皮尺围量一周的长度。

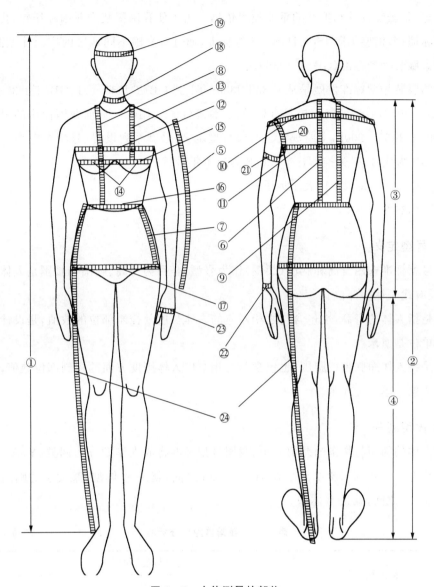

图 1-7　人体测量的部位

⑲ 头围:以前额和后枕骨为测点,用皮尺围量一周的长度。

⑳ 臂根围:经过肩端点和前后腋窝点围量一周的长度。

㉑ 臂围:在上臂最丰满处,围量一周的长度。

㉒ 腕围:在腕部用皮尺围量一周的长度。

㉓ 掌围:将拇指并入手心,用皮尺在手掌最丰满处围量一周的长度。

㉔ 裤长:由腰节线至踝骨外侧凸点之间的长度,是普通长裤的基本长度。

四、服装号型与标准

号型标准提供了科学的人体部位尺寸及规格系列设置,是国家对服装产品规格所作的统一技术规定,是服装设计和生产的重要技术依据。为了使我国服装产业国际接轨,我国有关部门根据国际惯例,借鉴国际 ISO、日本 JIS 等标准,通过对全国不同地区的广泛体型测量,制定了中国国家服装号型标准(GB/T 1335)。

我国的服装号型标准发展是从 GB/T l335—81 到 GB/T l335—91、GB/T l335—97,再到 GB/T l335—2008,号型的制定更具有科学性、合理性和实用性。目前我国使用的男女装国家标准是 GB/T 1335—2008,主要规定了服装号型定义、号型系列设置、号型覆盖率及应用等内容。其中 GB 为代号,T 为推荐标准,2008 为版本年号。

GB/T 1335.1—2008,"1"表示男子;

GB/T 1335.2—2008,"2"表示女子;

(一) 号型定义

国家号型标准选用身高和胸围(腰围)作为号型,是因为身高、胸围和腰围是人体的基本部位,也是最有代表性的部位。

"号"是指人体的身高,也包含与之相对应的人体长度及控制部位的数值,是设计服装长短的依据。单位是厘米。

"型"是指人体净胸围或腰围,也包含与之相对应人体围度方面的控制部位数值,是设计服装肥瘦的依据。单位是厘米。

(二) 体型划分

依据人体的胸围与腰围的差值大小,我国号型标准将成人体型分为四类:Y、A、B、C,见表 1-7。如某男子的胸围与腰围差数在 16～12 cm 之间,就是 A 体型;某女子的胸围与腰围差数在 13～9 cm 之间,就是 B 体型。

表 1-7　我国体型划分标准　　　　　　　　单位 cm

体型分类代号	胸围与腰围的差数	
	男	女
Y	22～17	24～19
A	16～12	18～14
B	11～7	13～9
C	6～2	8～4

在四类体型中,Y 体型为较瘦体,A 体型为标准体,B 体型为较丰满体,C 体型为胖体,从 Y 型到 C 型人体胸腰差依次减小,四种体型都为正常体型。除了列表内的四类常见体型外,还存在占比重较小的体型,人们称之为特殊体型,常见有溜肩、驼背、鸡胸等。在我国成年男子各体型中大多数人属于 A、B 体型,其次是 Y 体型,C 体型最少,大约有 2% 的男子体型为特殊体型。

（三）号型标志及应用

服装出厂时必须标明成品的号型,具体表示方法如下:号/型·人体分类,号与型之间用斜线分开,后面再接体型代号,如男女体型的中间号型分别为 170/88A、160/84A。

对消费者来说,在选购服装时,依据身高、胸围、腰围的实际数值,按以下方法选用。

以身高实际数值选用"号"时,可取接近数值的号,160 适合于身高在 158~162 cm,165 适合于身高在 163~167 cm,170 适合于身高在 168~172 cm。

以胸围实际数值选用上衣的"型"时,可取接近数值的型,84 适合于胸围在 82~85 cm,88 适合于胸围在 86~89 cm,92 适合于胸围在 90~93 cm。

例如,男上衣号型 170/88A,表示本服装尺码适合于身高在 168~172 cm 之间,胸围在 86~89 cm 之间 A 型体的人穿着,"A"表示胸围与腰围的差数在 16~12 cm 之间的体型。又如,女裤号型 160/68A,表示该号型的裤子适合于身高为 158~162 cm,紧腰围在 67~69 cm 之间 A 型体的人穿着,"A"表示胸围与腰围的差数在 18~14 cm 之间的体型.

（四）服装号型系列

把人体的号和型进行有规则的分档排列,即为号型系列。号型系列以各中间体为中心,向两边依次递增或递减组成,从而形成不同的号和型,号与型进行合理的组合与搭配形成不同的号型,号型标准给出了可以采用的号型系列。

5·4 系列,按身高 5 cm 跳档,胸围或腰围按 4 cm 跳档;5·2 系列,按身高 5 cm 跳档,腰围按 2 cm 跳档,5·2 系列,一般只适用于下装。身高与胸围搭配组成 5·4 号型系列。身高与腰围搭配组成 5·4 系列或 5·2 系列。

中间体,是指出现频率较高的体型。它反映了我国男女成人各类体型的身高、胸围、腰围等部位的平均水平,具有一定的代表性。男体中间体设置为:170/88Y、170/88A、170/92B、170/96C,女子中间体设置为:160/84Y、160/84A、160/88B、160/88C。表 1-8 为女子 A 体号型系列。

表 1-8　5·4/5·2 女 A 体号型系列　　　　　　　　　　　单位：cm

胸围 \ 身高 腰围	145			150			155			160			165			170			175		
72				54	56	58	54	56	58	54	56	58									
76	58	60	62	58	60	62	58	60	62	58	60	62	58	60	62						
80	62	64	66	62	64	66	62	64	66	62	64	66	62	64	66	62	64	66			
84	66	68	70	66	68	70	66	68	70	66	68	70	66	68	70	66	68	70	66	68	70
88	70	72	74	70	72	74	70	72	74	70	72	74	70	72	74	70	72	74	70	72	74
92				74	76	78	74	76	78	74	76	78	74	76	78	74	76	78	74	76	78
96				78	80	82	78	80	82	78	80	82	78	80	82	78	80	82	78	80	82

在服装生产制作中,仅以身高、胸围和腰围尺寸难以制作出满足人们穿着需求的服装,这要求服装制作要考虑人体主要部位的形态变化,而这些部位被称为"控制部位",见表1-9。在号型系列中,随着身高、胸围、腰围每一次跳档,人体控制部位的尺寸也会有规律性变化。其中控制部位尺寸为净体尺寸,是设计服装规格的依据。

表1-9 女子5.4/5.2A号型系列控制部位数值　　　　　　　　　　单位:cm

部位	数值																				
身高	145			150			155			160			165			170			175		
颈椎点高	124.0			128.0			132.0			136.0			140.0			144.0			148.0		
坐姿颈椎点高	56.5			58.5			60.5			62.5			64.5			66.5			68.5		
全臂长	46.0			47.5			49.0			50.5			52.0			53.5			55.0		
腰围高	89.0			92.0			95.0			98.0			101.0			104.0			107.0		
胸围	72			76			80			84			88			92			96		
颈围	31.2			32.0			32.8			33.6			34.4			35.2			36.0		
总肩宽	36.4			37.4			38.4			39.4			40.4			41.4			42.4		
腰围	54	56	58	58	60	62	62	64	66	66	68	70	70	72	74	74	76	78	78	80	82
臀围	77.4	79.2	81.0	81.0	82.8	84.6	84.6	86.4	88.2	88.2	90.0	91.8	91.8	93.6	95.4	95.4	97.2	99.1	99.1	100.8	102.6

利用身高、胸围和腰围及体型分类代号作为服装成品规格的标志,不仅反映人的基本体型特征,而且消费者易接受,便于服装生产和经营。但服装号型并不是现成的服装成品尺寸,而是人体净尺寸。在成衣规格设计时,必须以服装号型为依据,根据具体产品的款式和风格等特点,加放不同的放松量,制定出服装规格。

五、服装材料简介

服装的色彩、款式造型和服装材料是构成服装的三大要素。其中,不仅服装的颜色、图案、风格等依托服装材料来体现,款式造型亦需要服装材料的厚薄、轻重、柔软、硬挺、悬垂等性能来保证。

(一)服装材料及其分类
根据材料在服装中的应用及地位,可将服装材料分为面料和辅料。

1. 服装面料
体现服装主体特征的材料,它对服装的色彩、造型和功能起主要作用。面料通常要占到服装成本的30%以上,所以服装面料的好坏对成品服装的影响极大。服装的面料有梭织面料、针织面料、无纺面料、编织物、毛皮和皮革等。

2. 服装辅料

构成服装时,除了面料以外用于服装上的一切材料都称为服装辅料。服装辅料在市场上主要包括衬布、里料、拉链、钮扣、金属扣件、线带、商标、絮料和垫料等,见图1-8。根据服装辅料在服装中所起的作用不同可以将其分为:

里料

衬料

缝纫线

织带

花边

拉链

钮扣

垫肩

图1-8 服装辅料

（1）里料（棉纤维里料、丝织物里料、黏胶纤维里料、醋酯长丝里料、合成纤维长丝里料等）

（2）衬料（棉布衬、麻衬、毛鬃衬、马尾衬、树脂衬、黏合衬等）

（3）垫料（胸垫、领垫、肩垫、臀垫等）

（4）填料（絮类填料、材料填料等）

（5）缝纫线（棉缝纫线、真丝缝纫线、涤纶缝纫线、涤棉混纺缝纫线、绣花线、金银线、特种缝纫线等）

（6）扣紧材料（钮扣、拉链、其他扣紧材料等）

（7）其他材料（织带、花边、蕾丝、商标、吊牌、包装材料等）

现代科技的进步，带动了服装材料市场的发展，尤其是服装面料出现了化纤仿真、混纺交织等许多新品种、新风格的发展，使其在品种、花色、功能上都令人称奇，为各式各样的服装提供了丰富的材料。

（二）常见的服装面料

1. 棉布

各类棉纺织品的总称，多用来制作时装、休闲装、内衣和衬衫。优点是轻松保暖，柔和贴身、吸湿性、透气性甚佳；缺点是易缩、易皱，外观上不太美观，在穿着时需要时常熨烫。

2. 麻布

以大麻、亚麻、苎麻、黄麻、剑麻、蕉麻等各种麻类植物纤维制成的一种布料。一般被用来制作休闲装、工作装，目前多以其制作普通的夏装。优点是强度极高、吸湿、导热、透气性甚佳；缺点是穿着舒适性较差，外观较为粗糙、生硬。

3. 丝绸

以蚕丝为原料纺织而成的各种丝织物的统称。与棉布一样，它的品种很多，个性各异，可被用来制作各种服装，尤其适合用来制作女士服装。优点是轻薄、合身、柔软、滑爽、透气、色彩绚丽，富有光泽，高贵典雅，穿着舒适；缺点是易生折皱，容易吸身、不够结实、褪色较快。

4. 呢绒

又叫毛料，各类羊毛、羊绒织成的织物泛称，通常适用于制作礼服、西装、大衣等正式、高档的服装。优点是防皱耐磨，手感柔软，高雅挺括，富有弹性，保暖性强；缺点是洗涤较为困难，不大适用于制作夏装。

5. 皮革

经过鞣制而成的动物毛皮面料，多用以制作时装、冬装。可分为两类：一是革皮，即经过去毛处理的皮革。二是裘皮，即处理过的连皮带毛的皮革。优点是轻盈保暖，雍容华贵；缺点是价格昂贵，贮藏、护理方面要求较高，故不宜普及。

6. 化纤

化学纤维的简称，利用高分子化合物为原料制作而成的纤维的纺织品，可分为人工纤维与合成纤维两大门类。优点是色彩鲜艳、质地柔软、悬垂挺括、滑爽舒适;缺点是耐磨性、耐热性、吸湿性、透气性较差,遇热容易变形,容易产生静电。它虽可用以制作各类服装,但总体档次不高,难登大雅之堂。

<table>
<tr><td>棉布</td><td>麻布</td></tr>
<tr><td>丝绸</td><td>呢绒</td></tr>
<tr><td>皮革</td><td>化纤</td></tr>
</table>

图 1 - 9　服装面料

7. 混纺

是将天然纤维与化学纤维按照一定的比例,混合纺织而成的织物,可用来制作各种服装。它的长处,是既吸收了棉、麻、丝、毛和化纤各自的优点,又尽可能避免了它们各自的缺点,而且在价格上相对较为低廉,所以较受欢迎。

(三)服装用织物的结构

1. 机织物

指采用经、纬两组纱线相交织造而成的织物,如西服面料、休闲裤面料等。织物结构稳定,没有弹性(加入弹性纤维的面料除外),布面平整,坚实耐穿,外观挺括。在纺织品中它是应用最多、产量最高、品种最丰富、历史最修久、用途最广泛的服装面料。平纹组织、斜纹组织、缎纹组织是机织物的基本组织结构,俗称"三原组织"。其中,与布边平行的纱线方向是经向,另一方是纬向。

2. 针织物

由一根或一组纱线由针织机按照一定规律形成线圈,并将线圈相互串结而成的织物,如 T 恤、保暖内衣等。针织物质地松软,具有良好的抗皱性、弹性、透气性和延伸性,但尺寸稳定性较差。针织物可以先织成坯布,经裁剪、缝制而成各种针织品;也可以直接织成全成形或部分成形产品,如袜子、手套等。针织物分两大类:纬编针织物和经编针织物。

3. 非织造布

指不经传统的纺纱、织造工艺过程,由纤维层经过黏合、熔合或其他方法加工而直接形成的纺织品。非织造布具有工艺流程短、生产速度快、产量高、成本低、用途广、原料来源多等特点,常见有口罩、尿片、黏合衬、定型棉、环保袋等。

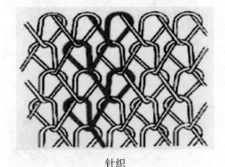

机织   针织

图 1-10　织物组织结构图

(四) 面料正反面的识别

服装面料的正反面可通过织物的组织结构来判别,但在实际生产中,需要根据具体要求来鉴别使用,具体方法如下:

1. 自我需求

根据顾客爱好或自我需求选定。一般选择布面洁净,织纹清晰,光泽柔和的一面为正;有图案的布料,选择花型和纹路清晰的一面为正。

2. 织物特性

根据产品设计和后整理效果来决定。

凸条及凹凸织物,正面紧密而细腻,沟条清晰;反面较粗糙,浮绒较长。

磨毛拉绒面料,一般正面磨毛拉绒,如果双面起毛拉绒的面料,则以绒毛光洁整齐的一面为正。

双层多层织物,一般正面的密度大于正面,而且正面选用性能较好的原料。

涂层织物,一般有颜色的涂层为正。

纱罗织物,纹路清晰、绞经突出的一面为正面。

毛巾织物,毛圈密度大的一面为正面。

3. 根据用途

为防绒、防风等用途的涂层面为反面。

4. 经验判断

图案清楚为正,疵点少的为正,清洁为正,针孔凸起为正(但不准确)。观察织品的布边,布边光洁整齐的一面为织物的正面。

◎ 思考与练习

1. 查阅有关资料,分析我国服装产业的困境及发展趋势。

2. 常用的服装基本概念和术语,服装制图符号和主要部位代号。

3. 了解人体的主要测量部位,掌握人体测量方法,用测量工具如软尺进行人体尺寸测量,提交一份测量结果报告。

4. 号型定义和体型分类,男女体型中间体的设置。

5. 号型应用中要注意的因素有哪些?

6. 掌握人体体型特征,分析男女体型的差异主要表现在哪些方面?

7. 细述身边常见的服装材料,并辨别面料的正反面。

项目一　裙装制板

◎ **项目内容**

任务一：裙装制板基础；任务二：裙装制板应用。

◎ **教学安排**

16 学时。

◎ **教学目的**

通过对裙装造型及用料的了解，掌握常见裙装款式的结构图绘制方法，通过对裙装造型及长度、腰口高度、裙摆开度、裙子片数等部位的变换组合，掌握裙装款式设计技术与技巧，提高款式图绘制能力，培养学生裙装设计与制板能力。

◎ **教学方式**

示范式、启发式、案例式、讨论式。

◎ **教学要求**

1. 在教师示范和指导下，掌握裙装款式图绘制比例、线型等基本制图要求。
2. 掌握裙装造型分类方法，并能独立完成结构图绘制。
3. 实操过程中，掌握制图标准与比例换算方法。
4. 在老师讲授的案例基础上，能够拓展思维，综合运用制图原则。

◎ **教学重点**

裙装各部位的计算公式应用与变化。

任务一   裙装制板基础

一、裙装基础知识

在我国古代服制为上衣下裳制,裙子是主要的下裳服饰,男女皆穿,伴随历史的发展,裙子成为女性的专有着装,也是体现女性优美身材的服饰之一,是女性出入正规场合的常用礼服着装。

(一)裙装材料的选择

裙装材料的选择通常根据裙子的风格而定,目前,女裙按照风格的不同又可以划分为紧身裙(又称为包臀裙)、百褶裙、波浪裙、运动裙、职业裙等。裙装风格不同,对面料的性能要求也有差异,不同风格裙装款式对应的常用面料见表2-1所示。

表 2-1   裙装常用面料

裙装风格	典型品质	材料特征	面料选择
直筒裙	包臀短裙、开衩中裙和直筒长裙等	弹性偏好、中厚面料	毛料及混纺面料:华达呢、凡立丁、花呢 化学纤维面料:涤棉卡其、弹力牛仔布等
百褶裙	碎褶裙、碎褶节裙、压褶裙等	碎褶裙任何面料,压褶裙需要化纤面料	棉料及混纺:薄牛仔布、灯芯绒等 麻料及混纺:亚麻细布等 人造纤维:仿真丝涤纶等
波浪裙	斜裙、圆舞裙等	垂感好、柔软面料	棉料及混纺
运动裙	牛仔裙、网球裙等	柔韧透气	棉、涤纶、功能性面料
职业裙	褶裥裙、一步裙等	光泽好,有档次	毛料及混纺面料:华达呢、凡立丁、花呢 化学纤维面料:涤棉卡其、弹力牛仔布等

(二)裙装规格的确定

1.裙装测量部位与方法在绪论中有明确解析。裙装常用规格包括腰围,臀围,腰围高及裙长等。

2.裙装规格的加放原则

(1)裙长＝款式所需长度

(2)腰围高＝股上长 ± 腰头宽

(3)裙装腰围＝人体净腰围＋放松度

（4）裙装臀围＝人体净臀围 ± 放松度

3. 裙装部位名称，图2-1所示。

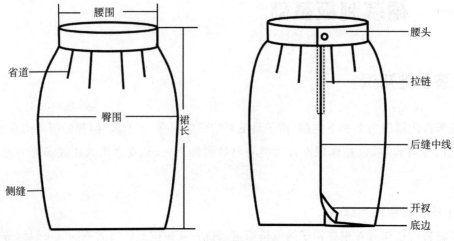

图2-1　裙子各部位名称

4. 裙装结构线名称，图2-2所示。

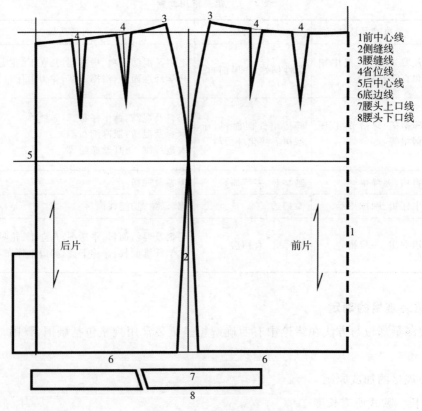

图2-2　裙装结构线名称

二、裙装基本款结构设计与样板制作

(一) 基本筒裙结构制图

1. 款式图及款式概述

裙类的基本型是以筒裙为代表,腰围、臀围与人体形态相适应,下摆的规格略小于臀围,前后裙片各设计四个省道,是职业女性常用款式,见图2-3。

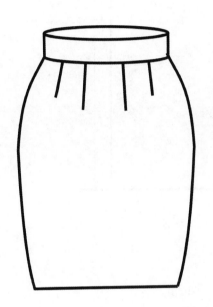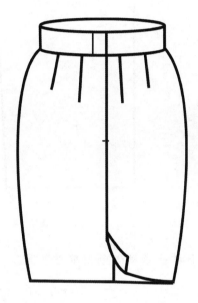

图 2-3　筒裙款式图

2. 制图规格

<table>
<tr><td colspan="4" align="center">筒裙制图规格</td><td align="right">单位：cm</td></tr>
</table>

型号	裙长(L)	腰围(W)	臀围(H)
165/68A	50	68	96

3. 裙装基本框架线绘制（图 2 - 4）

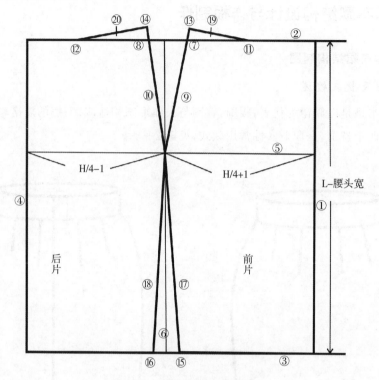

图 2 - 4　筒裙基本框架线绘制

4. 筒裙基本框架制图顺序（图 2 - 5）

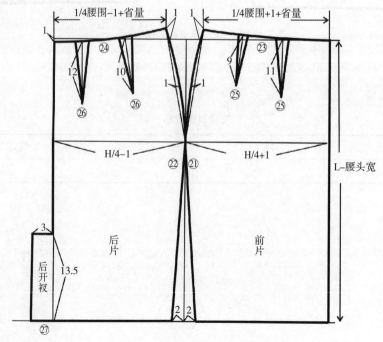

图 2 - 5　筒裙基本框架制图顺序

5. 筒裙结构绘制图（图 2 - 6）

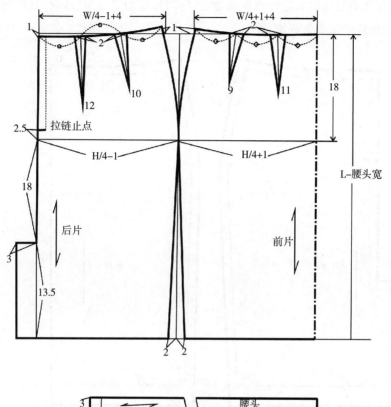

图 2 - 6　筒裙基本框架制图顺序

6. 筒裙零辅料制图（图 2 - 7）

图 2 - 7　筒裙零辅料图

7. 筒裙样板图（图 2-8）

筒裙是在其结构图基础上进行缝份的加放，同时样板需要号型、纱向、对位剪口、省位等各项标注，为筒裙面料的裁剪做好准备。

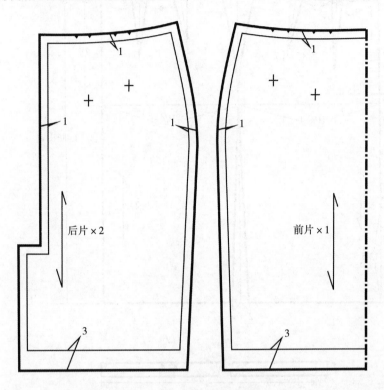

后片×2　　　前片×1

腰头

图 2-8　筒裙面料样片图

8. 筒裙里料样片图（图 2 - 9）

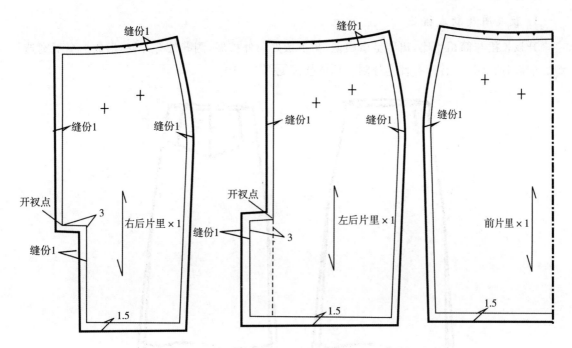

图 2 - 9　裙里料样片图

9. 筒裙主辅料一览表（表 2 - 2）

表 2 - 2　筒裙主辅料一览表

材料	部件名称	数量	成品规格及说明
面料	前裙片	1 片	
	后裙片	2 片	开衩处黏有纺衬
	腰头面、里连折	2 片	黏腰头衬
里料	前裙片里	1 片	
	后裙片里	2 片	
其他	拉链	1 条	约 18 cm
	四合挂钩	1 付	
	有纺衬		约 20 cm
	腰头衬		约 70 cm

(二) 开衩长裙结构制图

1. 款式图及款式概述

开衩长裙与筒裙相比,裙型呈微喇型,裙下摆处向外扩展,侧缝处有开衩,形成上窄下宽造型。前后各有两省,后片有育克分割。具体款式见图 2-10。

图 2-10 开衩长裙款式图

2. 规格制定

开衩长裙制图规格   单位:cm

型号	裙长(L)	腰围(W)	臀围(H)
160/68A	88	72	92

3. 开衩长裙结构图绘制（图 2-11）

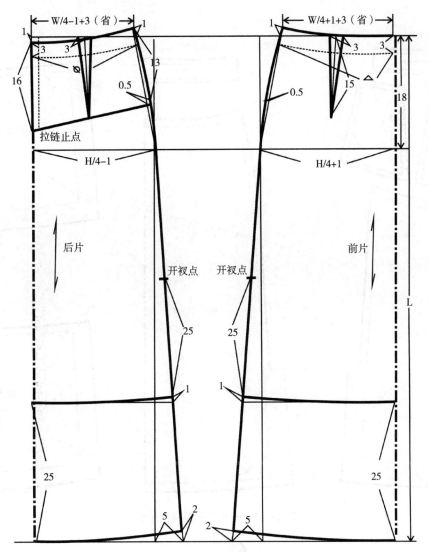

图 2-11 开衩长裙款式及结构图

4. 开衩长裙部件制图（图 2-12）

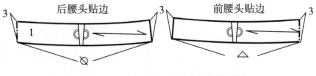

图 2-12 开衩长裙零部件结构制图

5. 开衩长裙面料样片加放缝份、打剪口（图 2-13）

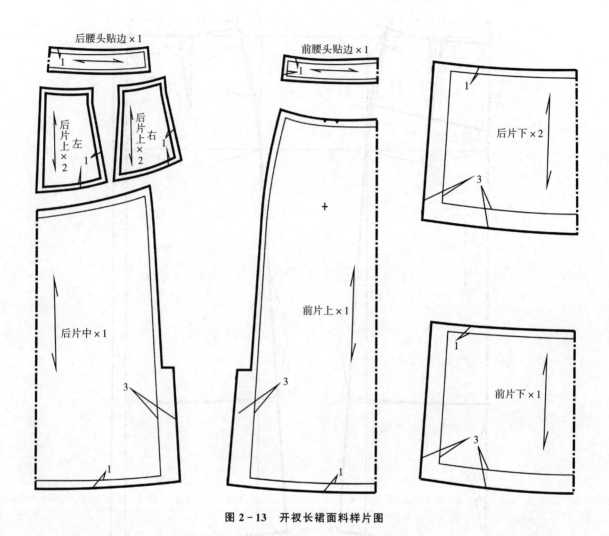

后腰头贴边 ×1

前腰头贴边 ×1

后片上左 ×2

后片上右 ×2

后片下 ×2

后片中 ×1

前片上 ×1

前片下 ×1

图 2-13　开衩长裙面料样片图

6. 开衩长裙里料样片加放缝份、打剪口（图 2-14）

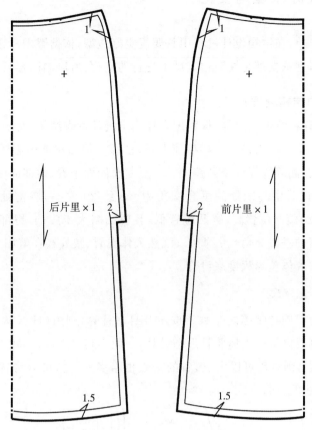

后片里×1

前片里×1

图 2-14 开衩长裙里料图

7. 开衩长裙主辅料一览表（表 2-3）

表 2-3 开衩长裙主辅料一览表

材料	部件名称	裁片片数	成品规格及说明
面料	前裙片	2 片	开衩处黏有纺衬
	后裙片	6 片	开衩处黏有纺衬
	腰头贴	2 片	黏腰头衬
里料	前裙片里	1 片	
	后裙片里	1 片	
其他	暗拉链	1 条	约 18 cm
	有纺衬		约 50 cm

三、裙装结构设计原理与变化

裙装结构比较简单,在结构设计过程中只要规定好造型,依据臀围和腰围就可以进行制图了。由于所有裙装造型依据都是在筒裙基础上进行的变化,所以制图容易完成。

(一)腰、臀差的结构处理:

人体在腰、臀处存在着形态差异,据我国人体测定统计调查结果,女子的臀腰差大于男子,其均值分别为 21.26 cm 和 16.45 cm,横截面上看,腰部与臀部在前中心线至二侧缝线部位差异不大,而后中心线至侧缝线部位差异较大。从正面及侧面来看,腹部前中心线处的垂直交角 $<\alpha$ 约 8°左右,臀部在后中心线处的垂直交角为 $<\beta$ 约 20°左右,臀沟处垂直交角为 $<\gamma$ 约 10°~12°左右(男$<$女)腹凸位置高,臀凸位置低,且臀凸略大于腹凸,臀部在后中心线处有凹陷。臀部在人体侧面的垂直交角 $<\alpha$ 约 8°。既然人体在臀、腰处存在着明显差异,所以我们应在平面结构上严格按人体差异程度来设计。

1. 臀腰差与省量分配

人体的臀腰差为臀围与腰围之差数。按 4 开身来计算,则为(H−W)/4。其量可以分为省量和侧缝撇量。侧缝撇量按人体胯骨形态设计,一般不超过 3 cm。每个省量一般也控制在 3 cm 之内。臀腰差大,则省量可以大点,省的个数也略多,反之,可以将省量定小或减少省的个数。见图 2-15、图 2-16。

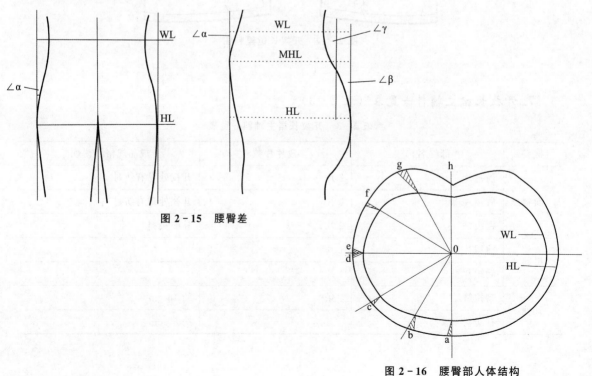

图 2-15　腰臀差

图 2-16　腰臀部人体结构

2. 省数、省位、省形

一般裙装的省数为 4～8 个,省的位置分布、省形态处理和老年人裙装处理方法,见图 2-17、图 2-18。在人体腹部,由于腹肌外凸且位置高,省形应采用瘪形省,老年人可以做活褶收腰,省的长度一般略短。而人体臀部,由于近腰处凹陷,臀部凸出,可以采用胖形省,且近后中心线处省的长度应略长,近侧缝处的后省应略短。侧缝弧线的形态与人体胯骨形态相吻合。

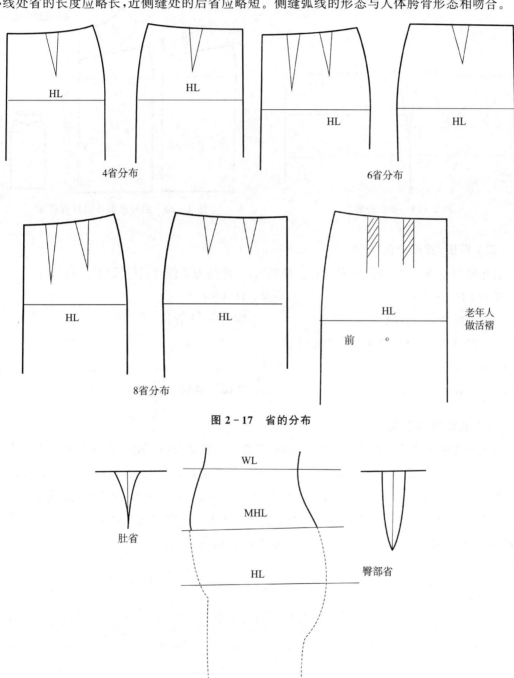

4省分布　　　　　6省分布

8省分布

老年人做活褶

前

图 2-17　省的分布

WL

MHL

肚省　　　　HL　　　　臀部省

图 2-18　省的形状

3. 省的分布和省转移

由于人体存在着腹凸、臀凸,为使平面衣料符合人体曲面,必须做省。省的分布,见图2-19。直裙原型的腰省可以转移到其他部位,省的转移方法采用纸样剪开折叠法,见图2-20。首先按款式设定新的省位线,让其省尖与原省省尖相连,剪开新的省位线,折叠原省。

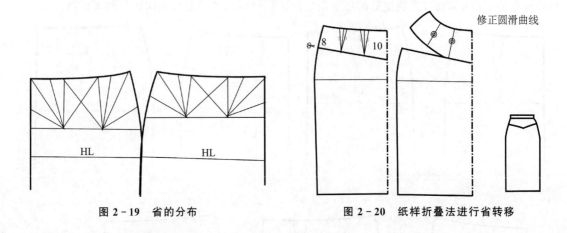

图 2-19　省的分布　　　　　　　　　　图 2-20　纸样折叠法进行省转移

(二) 臀围、腰围分配比例

直裙原型在臀围、腰围的分配上有二种方法,一种是为了保持侧缝线稳定而设计:

前片:H/4+1　　　　　　　　　　　　后片:H/4-1

　　　W/4+1+省量　　　　　　　　　　　W/4-1+省量

另一种是为了方便、简便计算而设计:

前片:H/4　　　　　　　　　　　　　　后片:H/4

　　　W/4+省量　　　　　　　　　　　　W/4+省量

(三) 腰围线的平衡

直裙原型的腰围线在两边侧缝处要起翘,其原因是裙原型的侧缝应符合人体胯骨的形态,而向内弧线收入(即侧缝撇量),如果腰围线为水平线不起翘,则合侧缝后裙腰围线呈凹陷,形成结构设计不平衡,制作后起皱。腰围线起翘,补足了凹陷,结构平衡,因此起翘量随裙原型侧缝撇量来变化,见图2-21。侧缝撇量越大,起翘量越大。当侧缝撇量达到一定量时,腰围线起翘量增加,同时为了结构平衡,侧缝下摆处应放出,见图2-22。

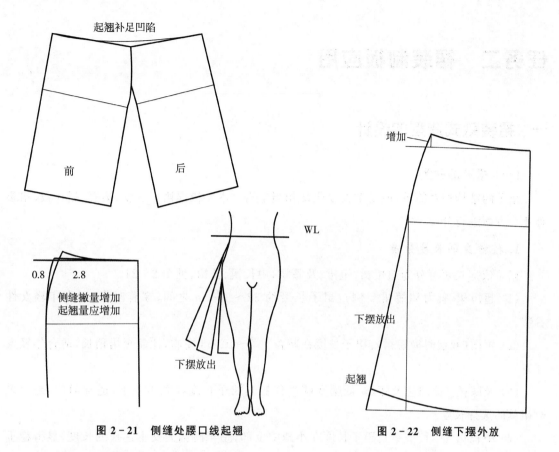

图 2-21　侧缝处腰口线起翘　　　　图 2-22　侧缝下摆外放

　　直裙原型的腰围线在后腰中心线处应下挖 1 cm 左右,这是因为人体臀部在后腰中心处有凹陷,人体穿裙后会因腹凸在上位、臀凸在下位,形成腰节线前高后低,见图 2-23。裙底边形成不水平,为了改善这种弊病,原型的腰围线在后腰中心线处应下挖。

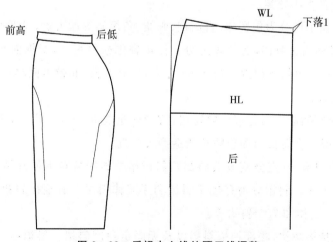

图 2-23　后裙中心线处腰口线调整

任务二　裙装制板应用

一、裙装款式造型的设计

（一）裙装的种类

裙子的结构相对简单，但是款式变化却相当丰富。本文依据裙子长度、裙摆、裙片数、裙腰等几个方面进行分类。

1. 按裙身的长度分类

裙装依据长短可分为超短裙、短裙、及膝裙，中长裙、长裙，见图 2-24。

（1）超短裙（魅力超短裙实例）：裙子长度约 32～38 cm 之间，穿着时尚，适合年轻女性着装。

（2）短裙（双层时尚短裙）：裙子长度在膝盖上 6～10 cm 左右，比超短裙稍长，适合年轻人穿着。

（3）及膝裙（偏门襟及膝裙、低腰及膝牛仔裙）：裙子长度在膝盖上下，适合面广，是大多数裙款的选择长度。

（4）中长裙（中长节裙）：裙子长度在小腿中上部，是年龄偏大女士选择的长度，显得稳重而端庄。

（5）长裙（高连腰鱼尾长裙）：长度在小腿中部到脚踝 1/2 之间，是小礼服类裙子的首选长度。

2. 按照裙摆开张大小分类

按照裙摆开张大小可分为包臀裙、直筒裙、斜裙、鱼尾裙等四大类，见图 2-25。

（1）包臀裙：又称为紧身裙，有长短之分。该裙臀围松量很小，根据面料弹力大小松量控制在 -4～4 cm 之间。短款下摆内收为 3 cm 左右，也有开衩（非弹力面料）。长款开衩较大约在膝盖上 10 cm 左右。

（2）直筒裙（腹部抽褶裙）：近似于包臀裙，臀围松量在 0～4 cm 之间，摆缝线为臀围线延长线，裙型为 H 造型。直筒长裙和包臀长裙造型较接近。

（3）斜裙（波浪斜裙、育克分割波浪斜裙）：斜裙裙摆斜线从腰围处开始偏离臀围线，根据底摆张角决定裙摆大小。斜裙分为有规律斜裙和无规律斜裙。有规律斜裙包括 45°斜裙、90°斜裙、180°斜裙，360°斜裙和 720°斜裙等。

无规律斜裙包括微喇裙，腰部抽褶斜裙以及无固定角度斜裙。斜裙给人的总体感觉是轻盈、活泼、运动的感觉，是大多数女孩喜欢的款式。

（4）分割鱼尾裙：是一款包臀裙的变化款式，在膝盖部位加长、外放，形成类似于鱼的尾巴形状,走起路来婀娜多姿,展现女性美。

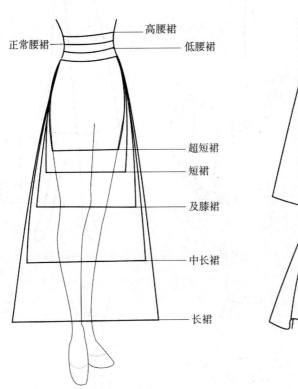

图 2-24　裙身长度变化示意图

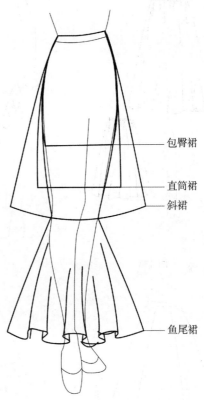

图 2-25　裙摆变化示意图

3. 按照裙子的片数分类

按照裙子的片数可分为两片裙、三片裙、四片裙、六片裙、七片裙、八片裙等多片数裙,形态见图 2-26 所示。

(1) 两片裙(松紧两片裙):由前后两片组成,开口在侧缝处缳拉链。

(2) 三片裙(不等式三片裙、斜向分割三片裙):前片为一片,后片为两片裙或后片为一片前片为两片裙造型。开口在后中缳拉链或前中缳拉链。

(3) 四片裙(偏门襟斜裙):前后各两片。适合于有垂感面料。

(4) 六片裙(六片斜裙):前后各三片。下摆较大,适合斜裙造型。

(5) 七片裙(七片分割荷叶边裙):前三片,后四片。下摆较大,适合斜裙造型或用荷叶收编造型。

(6) 多片裙(八片休闲褶裙):如八片裙,前后各四片,多见于分割鱼尾和休闲类裙造型;十片裙,多见于太阳裙等大摆裙,不常见。

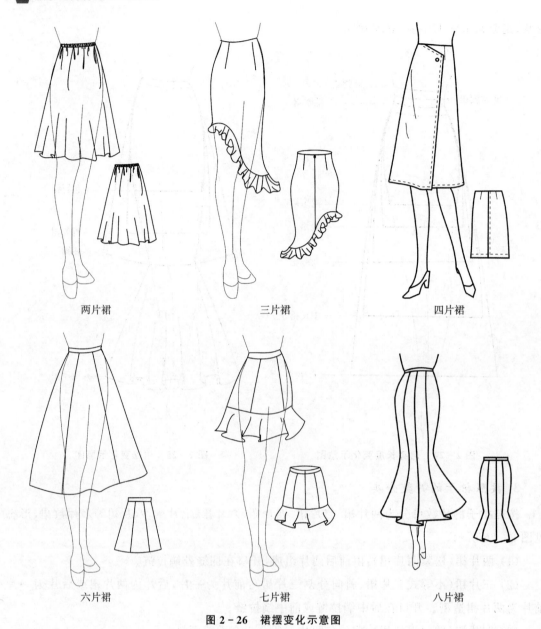

两片裙　　　　　　　　三片裙　　　　　　　　四片裙

六片裙　　　　　　　　七片裙　　　　　　　　八片裙

图 2-26　裙摆变化示意图

4. 裙腰

　　裙腰是与裙身缝合的部件,起束腰和护腰的作用。裙腰位于裙子最上端,一般被上衣所掩盖,裙子与短上衣配套穿着时,裙腰的装饰性才能体现出来。裙子除以上三大类外,还可进行如下分类,如按照裙子腰部的高低分类,分为高腰、正常腰、低腰;按照绱腰头或连腰头进行分类,分为高连腰鱼尾长裙、低腰及膝牛仔裙等,见图 2-24。

二、裙装款式造型制板实例

（一）裙子长度变化实例

1.魅力超短裙规格与制板

魅力超短裙,在筒裙基础上外放两倍松量斜裙造型,裙长很短,裙摆较大。前腰部交叉造型,造型乖巧可爱,适合于儿童及年龄在 25 岁以下年轻女性穿着。整体造型时尚前卫,面料适宜选用硬挺质感材料。具体款式及结构图见图 2 - 27。

魅力超短裙制图规格表　　　　　　　　　　单位：cm

型号	裙长（L）	腰围（W）	臀围（H）
165/68A	38	70	94

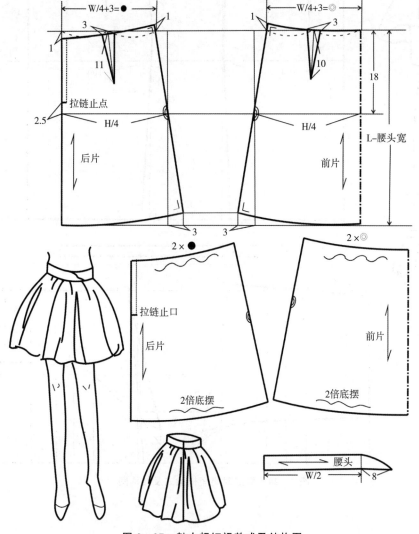

图 2 - 27　魅力超短裙款式及结构图

2. 双层时尚短裙规格与制板

双层时尚短裙,裙长在膝盖上 10 cm 左右,是在筒裙基础上进行的结构制图,外层另附纱料,形成对褶,飘逸感。此款属于重叠造型,上下两层料分别采用不同材质面料,绱腰头。适合于 25 岁以下年轻女性穿着。整体造型时尚,美观,具体款式及结构图见图 2 - 28。

双层时尚短裙制图规格表   单位:cm

型号	部位	裙长(L)	腰围(W)	臀围(H)
165/68A	规格	45	72	94

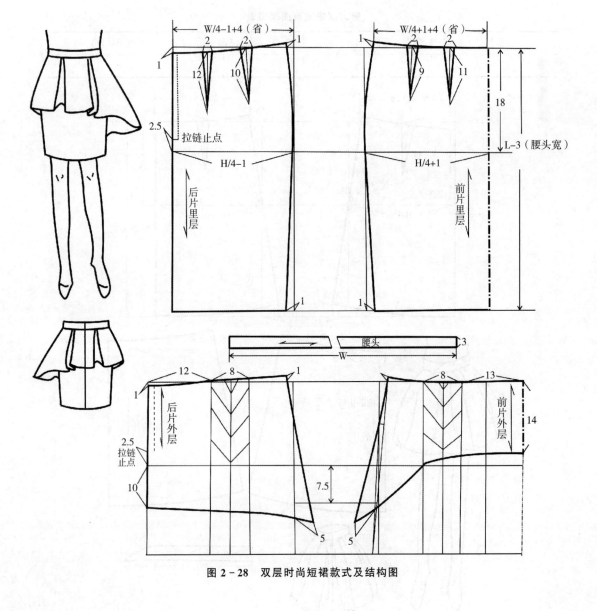

图 2 - 28 双层时尚短裙款式及结构图

3. 偏门襟及膝裙规格及制板

偏门襟及膝裙,是在筒裙基础上进行结构造型,属于中裙,裙前片门襟偏向一侧,门襟处装饰尽显女性浪漫的波浪花边,给人既温文尔雅又柔情无限的感觉。此款裙修身、优雅、大方得体,适合于中青年女性穿着。面料可选用毛类或新型弹性面料。具体款式及结构图见图2-29。

偏门襟及膝裙制图规格表　　　　　　　　　　　　　　单位:cm

型号	裙长(L)	腰围(W)	臀围(H)
165/68A	48	72	94

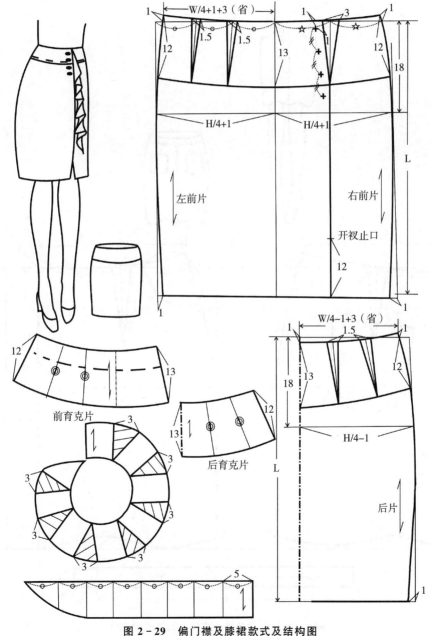

图2-29 偏门襟及膝裙款式及结构图

4. 低腰及膝牛仔裙规格与制板

低腰及膝牛仔裙,是在筒裙基础上进行结构造型,裙长及膝盖上,底边呈月牙波浪状,前裙片有月牙形插袋,后裙片有贴袋,前开门有门襟,既有牛仔裤的休闲又有筒裙的时尚性感。此款裙装休闲,时尚,大方得体,适合于中青年女性穿着。面料可选牛仔布料。具体款式见图 2-30。

	低腰及膝牛仔裙制图规格表		单位:cm
型号	裙长(L)	腰围(W)	臀围(H)
165/68A	42	72	94

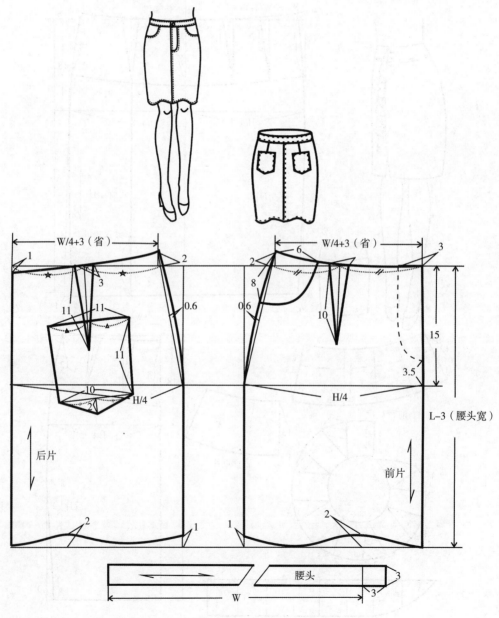

图 2-30　低腰及膝牛仔裙款式及结构图

5. 中长节裙规格与制板

中长节裙,是在筒裙基础上进行分割并造型,裙体分为三段,第二段和第三段增加大量褶裥,呈现塔式造型,婉约时尚,年轻女性喜爱的款式,面料可选精纺棉质或纱类面料均可。具体款式及结构图见图2-31。

中长节裙制图规格表 单位:cm

型号	裙长(L)	腰围(W)	臀围(H)
165/68A	71	72	94

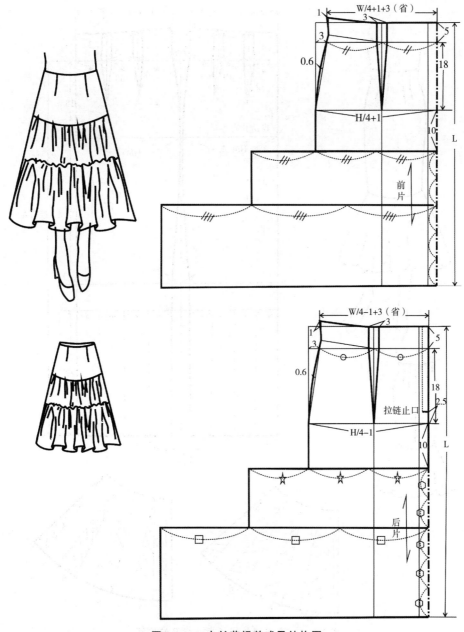

图2-31　中长节裙款式及结构图

6. 高连腰鱼尾长裙规格与制板

高连腰鱼尾长裙,是在筒裙基础上加长进行结构制图,在膝盖处断开拉展,形成大波浪,呈扇面展开,走起路来裙摆散开,成鱼尾状。此款面料可以选用有下垂感的弹性面料。适合于不同年龄段女性穿着,整体造型优雅。具体款式及结构图见图 2-32。

高连腰鱼尾长裙制图规格表　　　　　单位:cm

型号	裙长(L)	腰围(W)	臀围(H)
165/68A	82	72	94

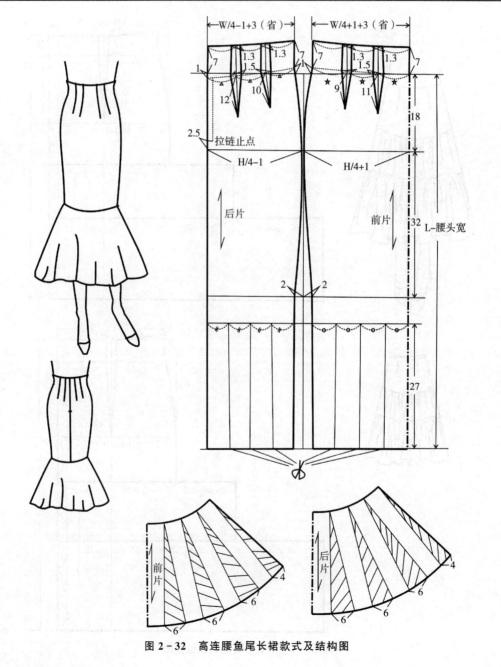

图 2-32　高连腰鱼尾长裙款式及结构图

（二）裙摆开度变化实例

1. 包臀裙规格与制版

包臀裙，是在筒裙基础上，外加交叉搭片进行结构制图，此款裙为筒裙的变化款，穿着大方得体，简洁有活力适合于中青年职业女性穿着。面料可选用中厚有质感或毛涤材料。整体造型端庄、高雅。具体款式及结构图见图 2－33。

包臀裙制图规格表　　　　　　　　　　　　　　单位：cm

型号	裙长（L）	腰围（W）	臀围（H）	
165/68A	45	72	94	

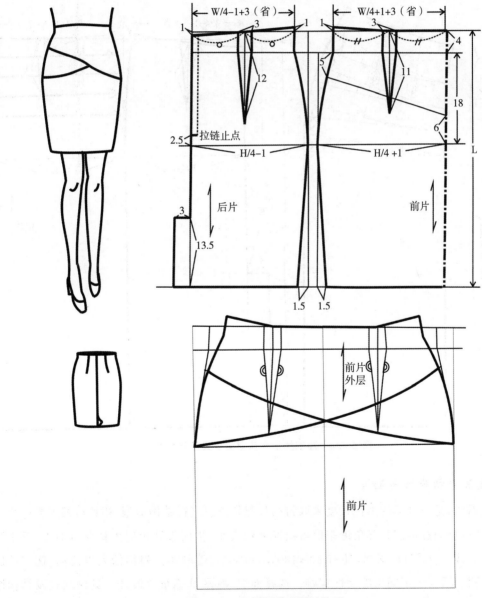

图 2－33　包臀裙款式及结构图

2.腹部抽褶直筒裙规格与制版

腹部抽褶直筒裙,是在筒裙基础上进行结构造型,属于中长裙,裙身一共由四片组成,在前裙片腹部中心位置增加褶量,可以弥补腹部浑圆的缺陷。此款裙装大方美观,给人典雅、温柔的感觉,适合于中青年女性穿着。可选用垂感好的罗马布或加莱卡机织面料。具体款式及结构图见图 2-34。

腹部抽褶直筒裙制图规格表　　　　单位:cm

型号	裙长(L)	腰围(W)	臀围(H)
165/68A	65	72	90

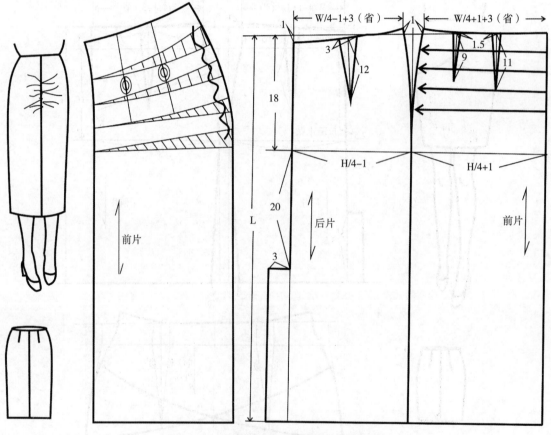

图 2-34　腹部抽褶直筒裙裙款式及结构图

3.波浪斜裙规格与制板

波浪斜裙,是通过圆的半径长度来取得裙长起始点来进行结构造型,裙长可根据爱好自行设置,整体造型通过裙摆张开角度来取得裙摆波浪大小,裙摆张开角度大裙摆波浪大,反之则小。常见款式为 45°两片斜裙,还有 90°,180°,360°,720°等斜裙。斜裙给人以流动、优美的感觉。此款裙装适合于不同年龄女性穿着。选择面宽、有悬垂感布料最佳。具体款式及结构图见图2-35。

波浪裙制图规格表　　　　　　　　　　　　　　　　　　单位：cm

型号	裙长（L）	腰围（W）	臀围（H）
165/68A	42	72	94

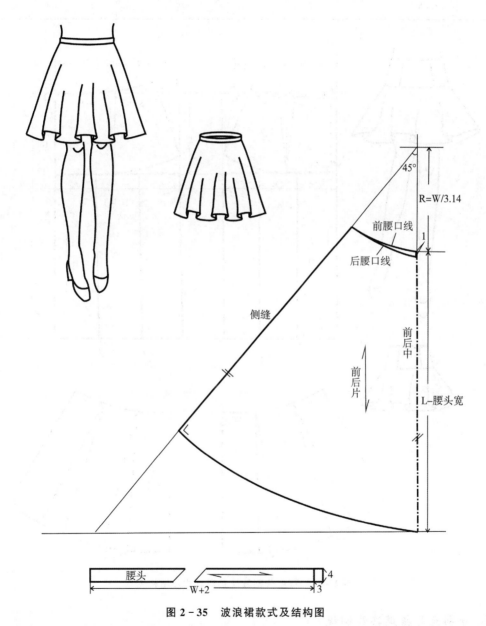

图2-35　波浪裙款式及结构图

4. 育克分割波浪斜裙规格与制板

育克分割波浪斜裙，是在斜裙基础上，将裙身自臀部进行育克分割，裙摆为波浪形。此款裙装适宜于秋冬季打底裤外着装，起到点缀和搭配的装饰效果。是许多儿童及中青年女性常备款式。面料选用有垂感的雪纺或有弹性下垂好的面料为宜。具体款式及结构图见图 2-36。

育克分割波浪斜裙制图规格表　　　　　　　　　　单位：cm

型号	裙长（L）	腰围（W）	臀围（H）
165/68A	36	72	94

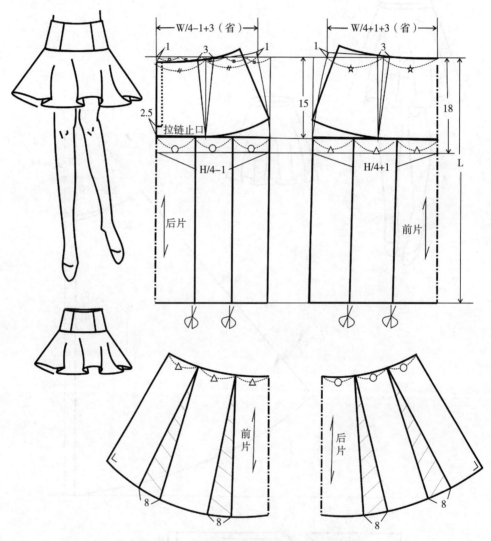

图 2-36　育克分割波浪斜裙款式及结构图

5. 分割鱼尾裙规格及制板

分割鱼尾裙，是在筒裙基础上加长进行结构制图，在前后裙片纵向分割成八片造型，下摆处拉展，形成大波浪，呈扇面展开，走起路来裙摆散开，成鱼尾状。此款面料可以选用有下垂感的弹性面料。适合于不同年龄段女性穿着，整体造型优雅，凸显婀娜身材。具体款式及结构图见图 2 - 37。

分割鱼尾裙制图规格表 单位：cm

型号	裙长（L）	腰围（W）	臀围（H）
165/68A	82	72	94

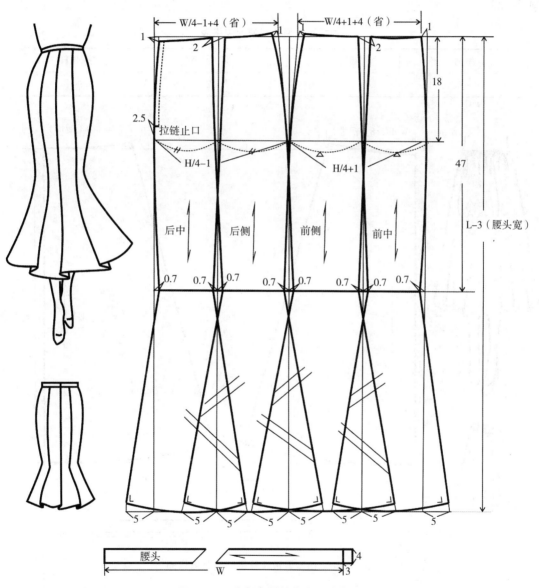

图 2 - 37　分割鱼尾裙款式及结构图

（三）裙子片数变化实例

1. 抽松紧带两片裙规格及制板

抽松紧带两片裙，是在筒裙基础上外放斜裙造型，裙摆较大，腰部松紧收腰，造型呈流线型且美观大方，能够满足不同年龄女性穿着。整体造型有动感且飘逸，具体款式及结构图见图2-38。

抽松紧带两片裙制图规格表　　　　　　　　单位：cm

型号	裙长（L）	腰围（W）	臀围（H）
165/68A	74	70	94

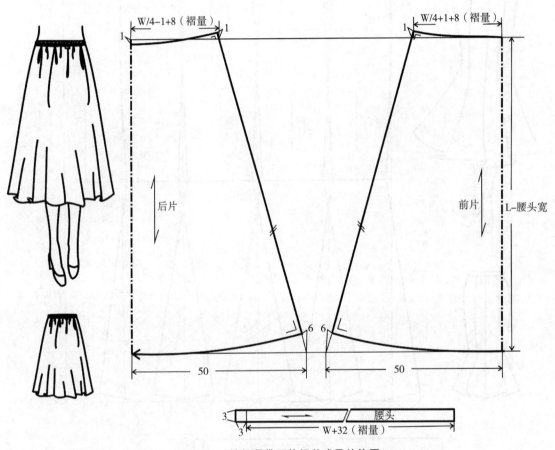

图2-38　抽松紧带两片裙款式及结构图

2. 不等式三片裙规格与制板

不等式三片裙，是在筒裙基础上进行结构造型，裙长一侧短、另一侧长，镶荷叶边，荷叶造型有满满的感觉，有小礼服的效果，该款同样具有拉伸显瘦的效果同时又不乏婀娜的体态美。此款裙装合身，有动感，优雅且大方得体，适合于中青年女性穿着。可选牛仔布料及罗马布料均可。具体款式及结构图见图 2 - 39。

不等式三片裙制图规格表　　　　　　　　　　　　单位：cm

型号	裙长（L）	腰围（W）	臀围（H）
165/68A	42	72	94

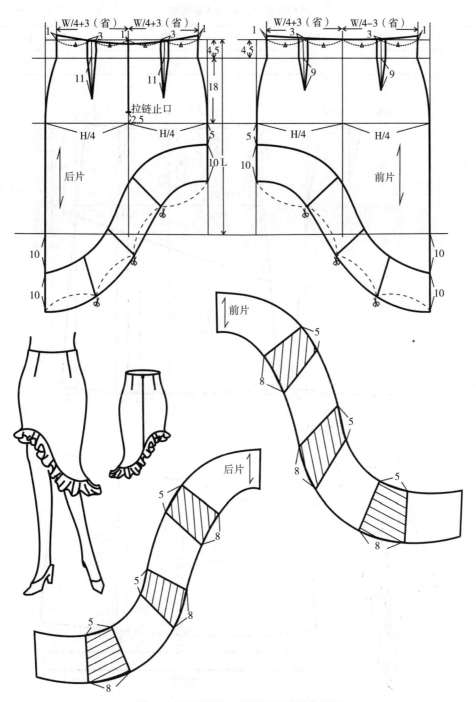

图 2 - 39　不等式三片裙款式图及结构图

3. 斜向分割三片裙规格与制板

斜向分割三片裙,是在斜裙基础上进行结构造型,属于中长裙,裙前片呈现斜向分割,裙下摆有箱型暗褶裥,给人既职业又有活力的感觉。此款裙装合身,有动感,优雅且大方得体,适合于中青年女性穿着。面料可选用毛呢类或新型挺括面料。具体款式及结构图见图 2-40。

斜向分割三片裙制图规格表			单位:cm
型号	裙长(L)	腰围(W)	臀围(H)
165/68A	55	72	94

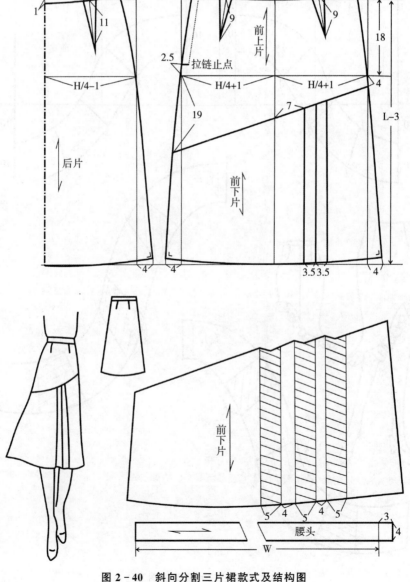

图 2-40 斜向分割三片裙款式及结构图

4. 偏门襟四片斜裙规格与制板

偏门襟四片斜裙,是在斜裙基础上进行结构造型,裙身由四片组成。裙前片门襟左右相搭并偏向一侧,右门襟在外由一粒钮扣固定;左侧门襟在里有暗扣固定,此款裙装大方美观,给人潇洒、利落的感觉。适合于中青年女性穿着。面料可选用涤棉或新型加金属丝面料。具体款式及结构图见图 2-41。

偏门襟四片斜裙制图规格表   单位:cm

型号	裙长(L)	腰围(W)	臀围(H)
165/68A	55	72	94

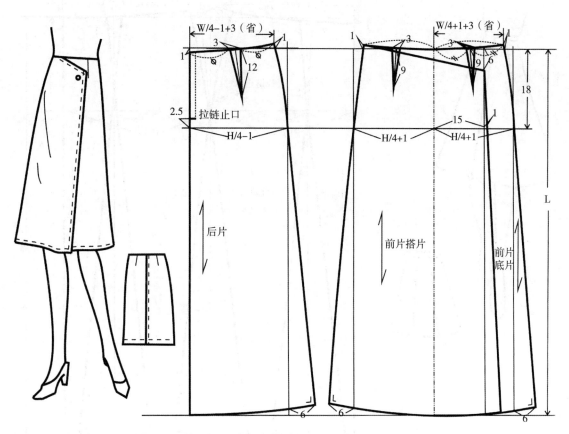

图 2-41 偏门襟四片斜裙款式及结构图

5. 六片斜裙规格与制板

六片斜裙,是在斜裙基础上进行结构造型,裙身一共由三个前片和三个后片组成,此款裙装大方美观,给人娓婉、飘逸的感觉。适合于中青年女性穿着。面料可选用垂感好的夏季纱料或薄的法兰绒等。具体款式及结构图如图 2 - 42。

六片斜裙制图规格表   单位:cm

型号	裙长(L)	腰围(W)	臀围(H)
165/68A	60	72	96

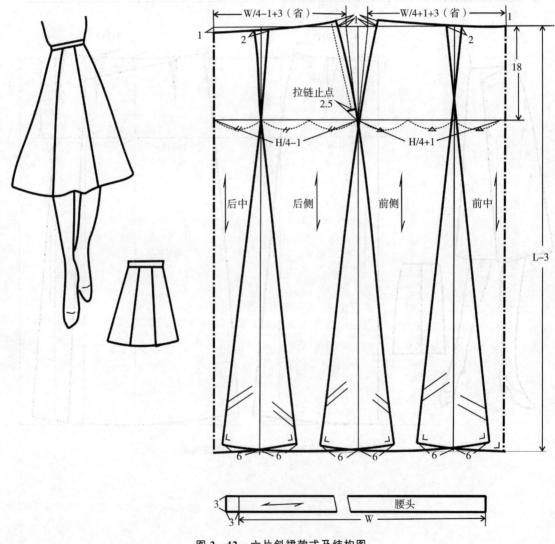

图 2 - 42 六片斜裙款式及结构图

6. 七片荷叶边裙规格及制板

七片荷叶边裙,是在筒裙基础上进行纵向分割,然后将裙身底摆处进行横向分割、拉展,形成荷叶造型,既有拉伸显瘦的效果同时又不乏婀娜的体态美。此款裙装合身、有动感、优雅且大方得体,适合于中青年女性穿着。面料可选弹性中厚毛涤或罗马布料。具体款式及结构图见图 2 - 43。

七片荷叶边裙制图规格表　　　　　　　　单位:cm

型号	裙长(L)	腰围(W)	臀围(H)
165/68A	46	72	94

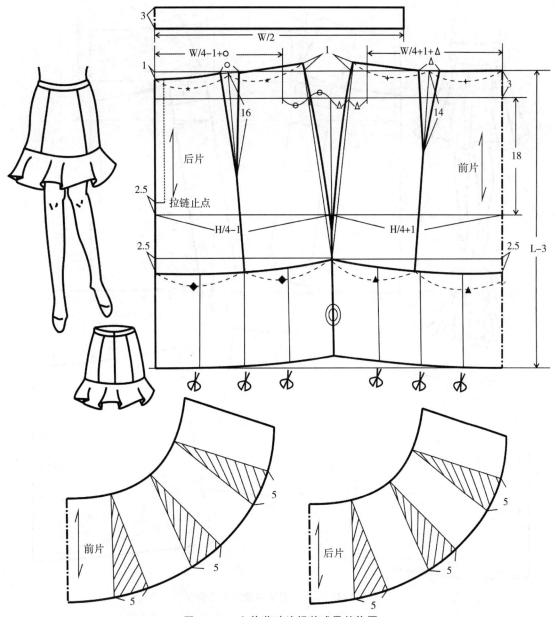

图 2 - 43　七片荷叶边裙款式及结构图

7. 八片休闲褶裙规格与制板

八片休闲褶裙,是在斜裙基础上,将裙身自臀部进行育克分割,断开处加褶,并装饰襻带和口袋。此款休闲,舒适,大方得体,适合于中青年女性穿着。面料选用卡其或涤棉材料较适宜。具体款式及结构图见图2-44。

八片休闲褶裙制图规格表

单位:cm

型号	裙长(L)	腰围(W)	臀围(H)
165/68A	60	72	94

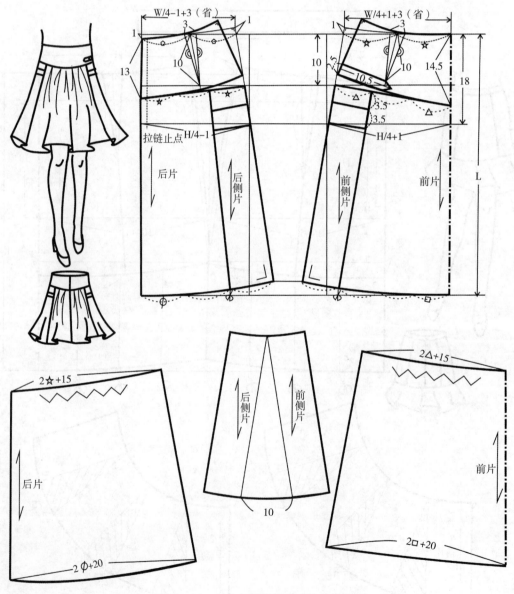

图 2-44　八片休闲褶裙款式及结构图

三、裙装系列款式的拓展设计开发

1. 裙子长度上的款式变化设计（图 2-45）

图 2-45　不同裙长的款式设计

2. 裙子裙摆造型上的款式变化设计（图 2-46）

图 2-46　不同裙摆造型的款式设计

3. 裙子不同片数的款式变化设计（图 2 – 47）

图 2 – 47　裙子不同片数的款式设计

◎ **思考与练习**

1. 掌握裙装款式图绘制的方法。

2. 熟悉裙装各部位名称与变化规律。

3. 绘制筒裙结构图并分解样板图。

4. 绘制开衩长裙结构图并分解样板图。

5. 绘制不同变化款式的裙装 5 款，并选择一款画出结构图。

项目二　裤装制板

◎ **项目内容**

　　任务一：裤装制板基础；任务二：裤装制板应用。

◎ **教学安排**

　　16 学时。

◎ **教学目的**

　　通过对裤装造型及用料的了解，掌握常见裤装款式的结构图绘制方法，通过对裤装造型及长度、腰口高度、裆弧线等部位的变换组合，掌握裤装款式设计技术与技巧，提高款式图绘制能力，培养学生裤装设计与制板能力。

◎ **教学方式**

　　示范式、启发式、案例式、讨论式。

◎ **教学要求**

　　1. 在教师示范和指导下，掌握裤装款式图绘制比例、线型等基本制图要求。

　　2. 掌握裤装造型分类方法方法，并能独立完成结构图绘制。

　　3. 实操过程中，掌握制图标准与比例换算方法。

　　4. 在老师讲授的案例基础上，能够拓展思维，综合运用制图原则。

◎ **教学重点**

　　裤装各部位的计算公式应用与变化。

任务一　裤装制板基础

一、裤装基础知识

（一）裤装材料的选用方法

裤装材料的选择根据裤子的风格而定，目前，无论男裤、女裤，基本风格的划分主要为职业装、休闲装、运动装、户外装。服装风格不同，对面料的性能要求也有差异，不同风格裤装款式对应的常用面料如表 3-1 所示。

表 3-1　裤装款式与常用面料对应表

裤装风格	典型品质	材料特征	面料选择
职业装	西裤、筒裤等	保型性好	毛料及混纺面料：华达呢、凡立丁、花达呢 化学纤维面料：涤棉、卡其等
休闲装	牛仔裤、直排裤等	舒适随意	棉料及混纺：牛仔布、灯芯绒等 麻料及混纺：亚麻细布等 人造纤维：仿真丝涤纶等
运动装	篮球裤、高尔夫裤等	轻便柔软	棉料及混纺
户外装	徒步裤、骑行裤等	柔韧透气	涤纶、功能性面料

（二）裤装规格的确定

1. 裤装测量部位与方法（图 3-1）

① 腰围：以腰部最凹处，肘关节与腰部重合点为测点，用软尺水平测量一周。

② 臀围：取立姿放松，在臀部最丰满处用软尺水平测量一周。

③ 腰围高：赤足取立姿放松，用皮尺测量从腰围最细处至地面的垂直距离。

④ 中腰围：也称腹围，用软尺在腰围至臀围的 1/2 处水平测量一周。

⑤ 股上长：从腰线至臀股沟随臀部体型测量。

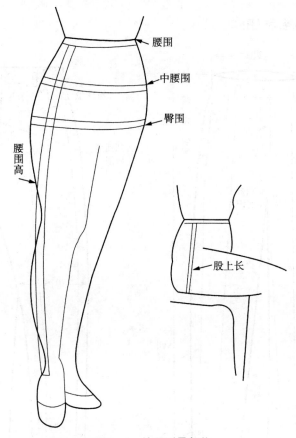

图 3 - 1 裤子测量部位

2. 裤装规格的加放原则

裤装控制部位主要由裤长、腰围、臀围组成,其他部位尺寸可以通过上述部位进行换算,控制部位的规格由人体净尺寸加放松量(调节量)组成,制图时的规格尺寸大部分都是加放松量后的。

裤长＝人体腰围高±(1～3 cm)

腰围＝人体净腰围＋(1～3 cm)

臀围＝人体净臀围±(4～12 cm)

（三）裤装各部位名称（图 3 - 2）

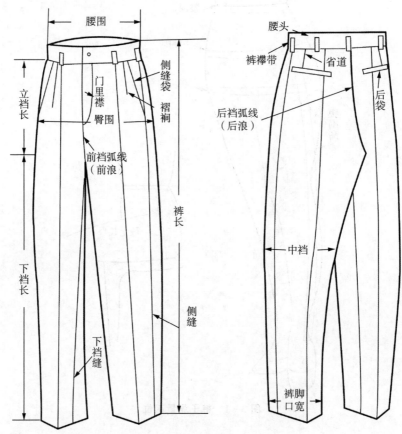

图 3 - 2　裤子各部位名称

（四）裤片各结构线名称（图 3 - 3）

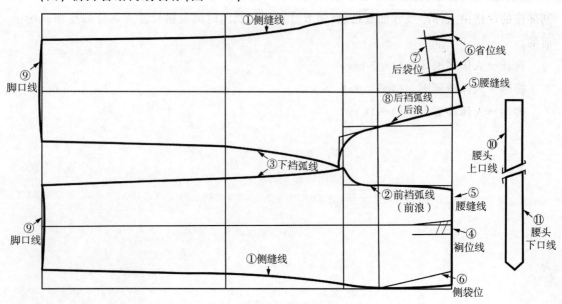

图 3 - 3　裤片各结构线名称

二、裤装基本款结构设计与样板制作

(一) 男西裤结构制图

1. 款式图及款式概述

男西裤一般款式为锥形裤,装腰头,6只裤襻带,前中门里襟装拉链。前片左右各一只反褶裥,侧缝斜插袋;左前腰头有3.5 cm探头,后裤片左右各收两只省,左右各两只嵌线开袋,内挂半衬里,里襟里有过桥,面料选用毛料及混纺面料为宜,款式见图3-4。

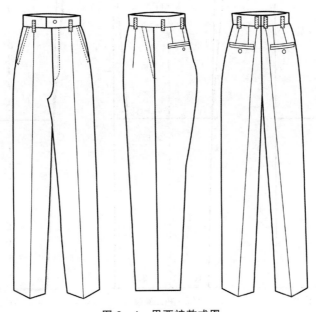

图 3-4　男西裤款式图

2. 规格制定

男西裤制图规格　　　　　　　　　　　　　　　　　　单位：cm

型号	裤长(L)	腰围(W)	臀围(H)	膝围(KL)	脚口(SB)
170/74A	102	76	104	24	22

3. 裤装基本框架线绘制顺序（图 3 - 5）

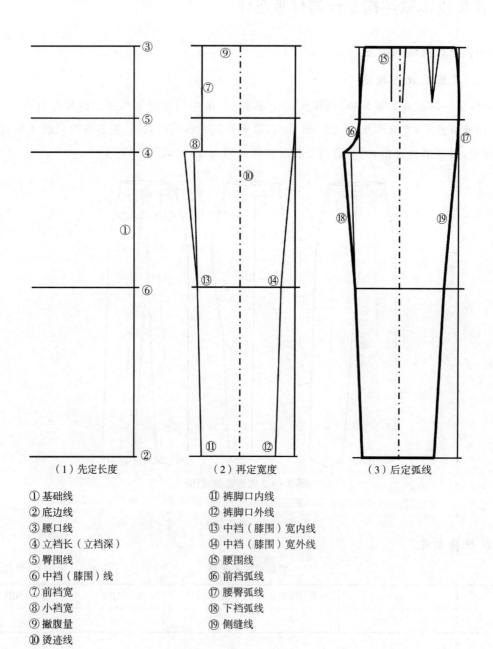

（1）先定长度　　　　（2）再定宽度　　　　（3）后定弧线

① 基础线　　　　　　　　⑪ 裤脚口内线
② 底边线　　　　　　　　⑫ 裤脚口外线
③ 腰口线　　　　　　　　⑬ 中档（膝围）宽内线
④ 立档长（立档深）　　　⑭ 中档（膝围）宽外线
⑤ 臀围线　　　　　　　　⑮ 腰围线
⑥ 中档（膝围）线　　　　⑯ 前档弧线
⑦ 前档宽　　　　　　　　⑰ 腰臀弧线
⑧ 小档宽　　　　　　　　⑱ 下档弧线
⑨ 撇腹量　　　　　　　　⑲ 侧缝线
⑩ 烫迹线

图 3 - 5　男西裤基本框架制图顺序

3. 男西裤基本框架线绘制公式（图 3-6）

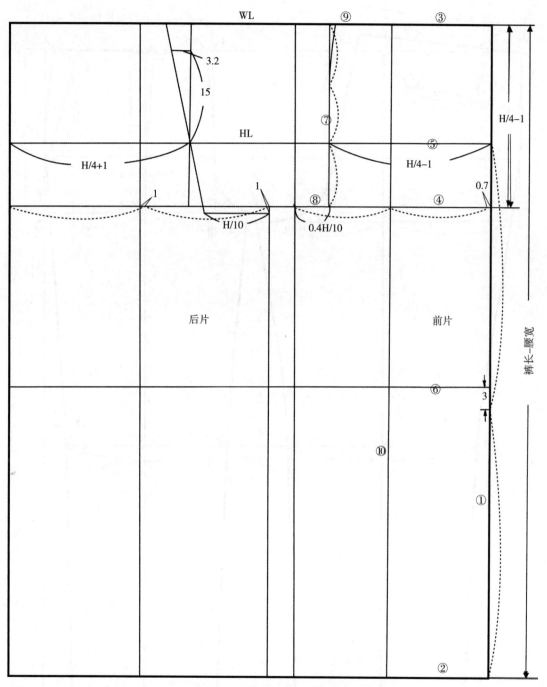

图 3-6 男西裤基本框架线绘制公式

4. 男西裤结构绘制（图 3-7）

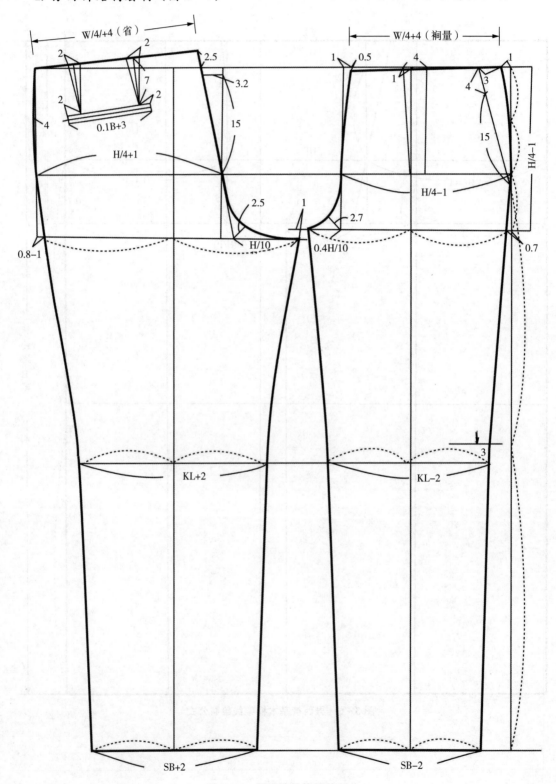

图 3-7　男西裤结构图绘制

5. 男西裤零辅料制图（图 3−8）

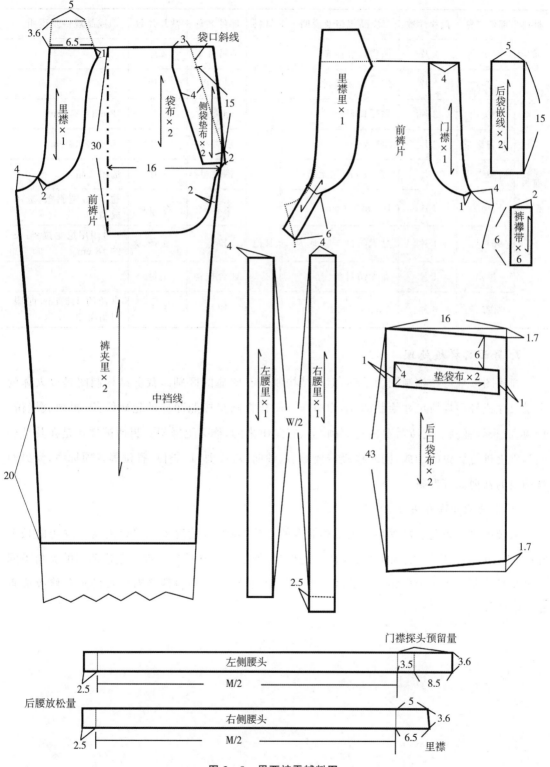

图 3−8　男西裤零辅料图

6.男西裤主辅料一览表（表3-2）

表3-2　男西裤主辅料一览表

材料	部件名称	裁片片数	成品规格及说明	材料	部件名称	裁片片数	成品规格及说明
面料	前裤片	2片	侧袋口黏嵌条	里料	前裤片里	2片	
	后裤片	2片	袋口黏无纺衬		里襟里	1片	
	腰头面	2片	黏腰口衬	袋布	侧袋布	2片	32 cm×34 cm
	侧袋垫布	2片	21×7 cm		后袋布	2片	45 cm×18 cm
	后袋嵌线	2片	17×7 cm 黏无纺衬	其他	裤腰里	2片	选用成品
	后垫袋	2片	16 cm×6 cm		滚边条	3.5 m	约2 cm宽斜条,选用成品
	门襟	1片	黏无纺衬		拉链	1条	4号闭尾尼龙拉链,长约18 cm
	里襟	1片	黏无纺衬		四合挂钩	1付	
	裤襻带	6片	8 cm×4 cm		钮扣	5个	直径约1.5 cm,四眼树脂钮扣

7.男西裤样板处理

样板图以裁剪结构制图为基础,但与结构制图有明显的区别。裁剪结构制图是以人体的实量尺寸或号型规格尺寸绘制的,称为净样。而样板则是按照净样的轮廓线条,再加放缝份、折边、放头等缝制工艺所需要的量而画、剪、打制出来的,称为毛样板。男西裤样板是在其结构图基础上进行缝份的加放,同时样板需要号型、纱向、对位剪口、袋位、省位等各项标注,为男西裤面料的裁剪做好准备。

① 直角的处理方法

服装中每一条缝边部关系到两个相缝合的衣片,在通常情况下相缝合的两个缝边的长度相等,在净缝制图中等长边的处理比较容易做到,但是加放缝份后会因为缝边两端的夹角不同而产生长度差。为了确保相缝合的两个毛边长度相等,要分别将两条对应边的夹角修改成直角(图3-9)。

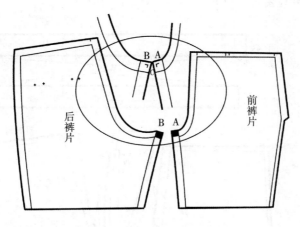

图 3 - 9　样板的边角缝份处理

② 反转角的处理方法(图 3 - 10)

　　服装中有些部位(如袖口、裤脚口等)属于锥形,在平面制图中呈倒梯形,在这种情况下必须按照反转角的方式加放缝份或折边,否则会造成折边部分不平服现象。但如完全按照反转角处理会使样板的折边部分扩张量过大,不易于排料和裁剪。所以遇到此种情况,可反转一部分角度,剩余角度通过在缝制时减小缝份来解决。

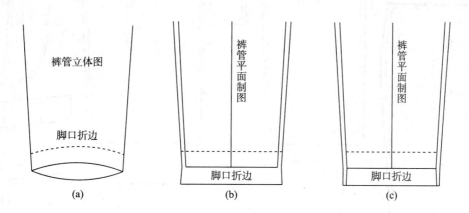

图 3 - 10　脚口反转折边的处理

8. 男西裤样板图（图 3-11）

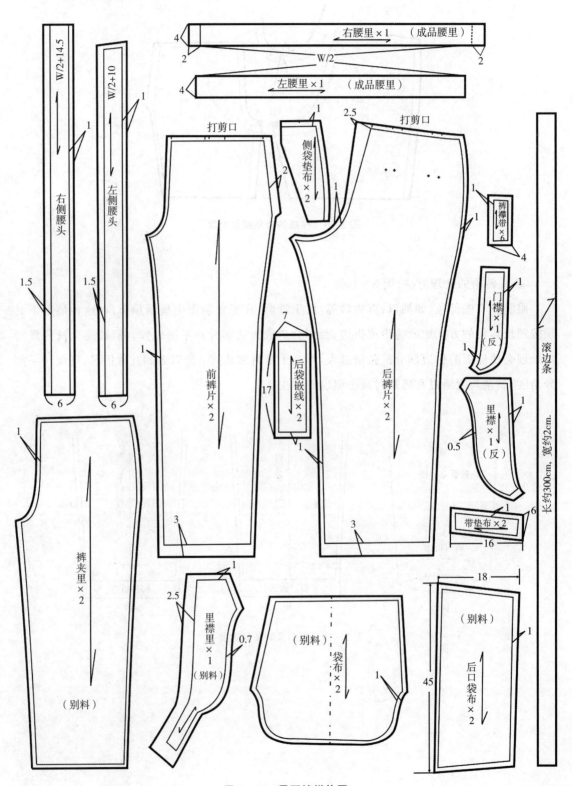

图 3-11　男西裤样片图

（二）女牛仔微型喇叭裤结构制图

1. 款式图及款式概述

牛仔裤一般前片为月亮形插袋,片片为贴袋,中低腰结构,腰口无褶裥与省道,后片有育克分割,具体款式见图3-12所示。

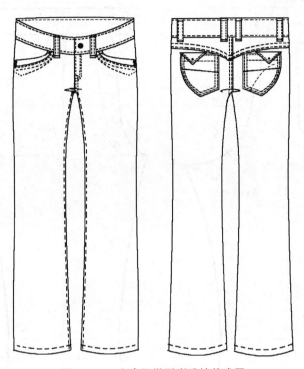

图 3-12　女牛仔微型喇叭裤款式图

2. 规格制定

女牛仔裤制图规格　　　　　　　　　　　　　　　　　　单位：cm

型号	裤长（L）	腰围（W）	臀围（H）	脚口（SB）	膝围（KL）
160/68A	100	70	96	22	20

4. 女牛仔裤结构图绘制（图 3-13）

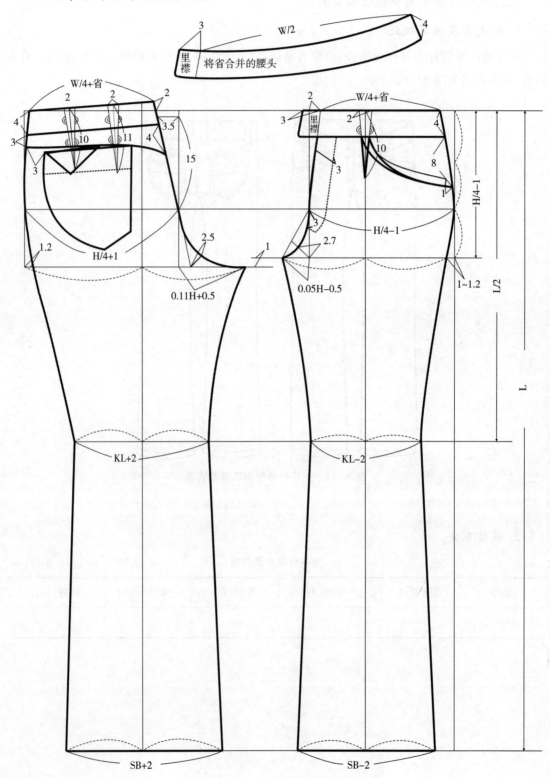

图 3-13 女牛仔微型喇叭裤结构图

5. 女牛仔裤零辅料制图（图 3 - 14）

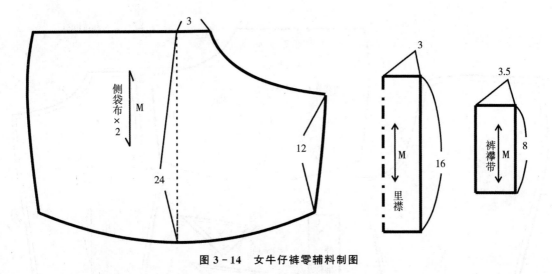

图 3 - 14　女牛仔裤零辅料制图

6. 女牛仔裤主辅料一览表（表 3 - 3）

表 3 - 3　女牛仔裤主辅料一览表

材料	部件名称	裁片片数	说明	材料	部件名称	裁片片数	说明
面料	前裤片	2 片		面料	后袋口贴边	2 片	黏无纺衬
	后裤片	2 片			后垫贴	2 片	16 cm×6 cm
	腰头面	2 片			后袋布	2 片	
	腰头里	2 片			裤襻带	6 个	8 cm×3.5 cm
	侧袋垫布	2 片		袋布	侧袋布	2 片	32 cm×24 cm
	门襟	1 片	黏无纺衬	其他	拉链	1 条	约 18 cm
	里襟	1 片	8 cm×4 cm		工字扣	1 个	直径 1.5 cm，金属工字扣

7. 女牛仔裤样片图 (图 3-15)

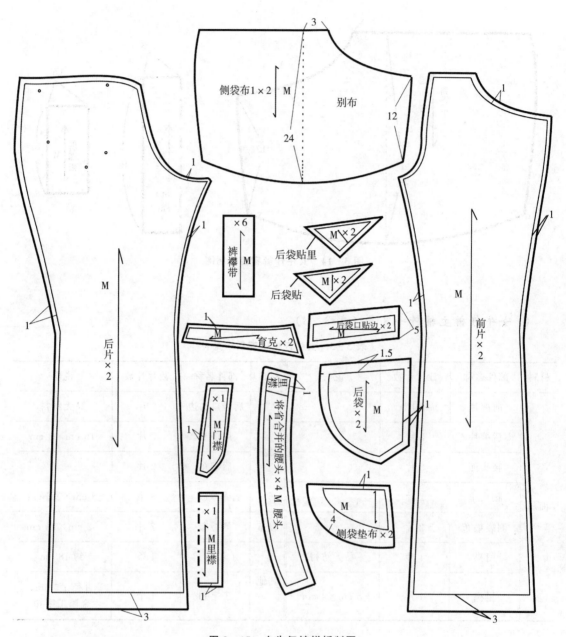

图 3-15 女牛仔裤样板制图

三、裤装结构设计原理与变化

裤装结构比裙装结构复杂,要充分理解裤片中的横裆、立裆、后裆斜度及臀围放松量之间的变化规律,才能使裤装的结构设计达到得心应手的程度。

(一) 侧缝线的位置及前后裤片的围度分配

1. 侧缝线的位置及前后裤片的围度分配确定的原因

纵观所有裤片的腰、臀、横裆围等围度的分配比例,都是设计成前裤片小,而后裤片大的结构形式,这就决定侧缝线的位置要前移。裤片侧缝线前移的原因主要有二点:

第一点是考虑人体的舒适性。当人体静态站立时,上肢自然下垂,手的中指指向人体下肢偏前的部位,人体手的活动区域正在此部位。裤装侧袋设计时,为了使手能伸插自如,裤子侧缝线的的位置也随之确定。因此,裤装围度尺寸便设计成前小后大的形式。

第二点是考虑人体体型特征。因为人体臀部相对腹部较丰满、较外凸,为了使侧缝线不偏向后侧,后裤片的围度比前裤片的围度要大些。

2. 前后裤片围度分配比例

前裤片的围度分配比例:腰围:W/4−1(腰围:W/4)　臀围:H/4−1
后裤片的围度分配比例:腰围:W/4+1(腰围:W/4)　臀围:H/4+1

(二) 立裆

立裆是指腰口直线至横裆线的垂直距离。用 BR 来表示,见图 3−16 所示。

立裆是裤装结构中一个重要的部位,立裆的长与短都会影响人体穿着的舒适性,以及人体运动。立裆的长度是裤装变化的主要部分,目前流行的低腰裤和哈伦裤就是典型的立裆变化设计。常规裤装立裆的确定方法有以下几种:

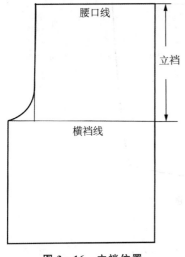

图 3−16　立裆位置

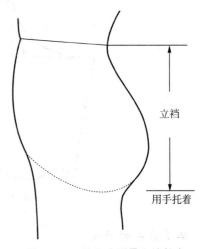

图 3−17　站立式测量立裆长度

1. 计算法

立裆的计算方法有二种:

(1) 以臀围为比例分配因素而计算的:H/4−m(m 值在 0~3 cm 之间)。

(2) 以身高和臀围为比例分配因素而计算的:G/10 + H/10 − m,其中女裤 m 值为

0～1 cm;男裤、童裤为 1～2 cm。G 代表身高,H 代表臀围。

2. 测量法

测量法有二种,一种为站测量法,一种为坐测量,测出的具体数值再加 2～3 cm 的调节量。

(1)站测:人体呈自然站立测量,测者一只手拿住软尺零端点靠与腰部最细处,另一只手托着臀部最低处进行测量,见图 3－17。

(2)坐测:被测者坐在木凳上,腰背处自然挺直,测者手拿软尺,测量从腰部最细处量至凳面的垂直距离。

对于正常体型的人可以采用计算法确定立裆的长度,而对于特殊体型的人则应采用测量法才能比较准确。

(三) 裤子后翘的产生及确定

裤子后片腰口线的翘起量简称裤子后翘,是指裤子后腰缝线在后裆缝处的抬高量,见图 3－18。

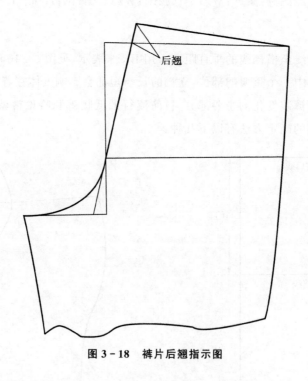

图 3－18　裤片后翘指示图

1. 裤子后翘的产生

裤子后翘的产生与人体的向前运动有关。裤装穿着后有裆的约束,为了满足人体腰部经常性的向前运动,并给予一定的放松量,必须设计一定的起翘量。

裤子后翘的产生与后裆缝的斜度也有关。裤装后裆缝的斜度是根据人体臀股沟处的形态而设计的,由于裤子后裆缝存在倾斜度,假如裤装后腰口线在结构设计中不起翘,则后裆斜线与后腰口线所夹的角度必大于 90°,待后裆缝缝合后,腰口线处有结构上的凹陷。后裆斜线的斜度越大,则凹陷越大,只有将其补顺,消除凹陷角,裤装的结构才能平衡,见图 3 - 19。后档斜线的倾斜度越大,裤子的起翘量越大。

2. 裤子后翘量的确定

裤子后翘量的大小影响到裤装结构的平衡,其确定后翘的常用方法见图 3 - 20,裤子后翘量一般为 2.5 cm 左右。

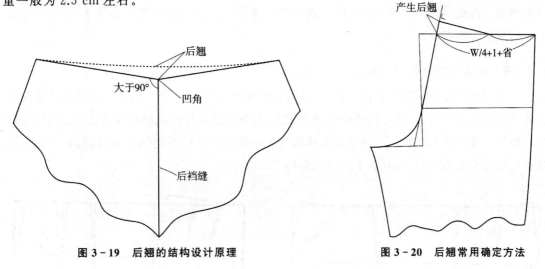

图 3 - 19 后翘的结构设计原理

图 3 - 20 后翘常用确定方法

(四) 前后档弯结构形成的依据

裤子原型档弯的形成,是和人体臀部与下肢连接处所形成的体型特征分不开的。见图 3 - 21,看人体的侧面,臀部与腹部构成了一个前倾的椭圆型。以耻骨联合作垂线,把前倾的椭圆分为前后两个部分,前一半的凸点靠上为腹凸,靠下较平缓的部分,正是相对裤子的前档弯;后一半的凸点靠下为臀凸,同时也是相对裤子的后档弯。这样的分配,恰使裤子的前档弯弧长小于裤子的后档弯弧长。这就是在裤子的结构设计中,后档弯弧线长大于前档弯弧线长、后档宽大于前档宽的重要依据。

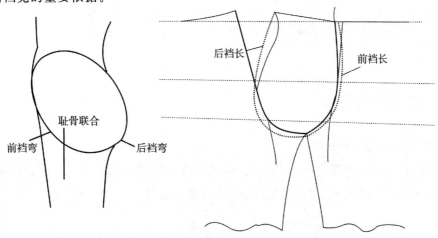

图 3 - 21 裤子原型档弯的形成示意图

后裆弯弧线长大于前裆弯弧线长的另一个重要原因,是由于人体臀部屈大于伸的活动趋势所决定的。后裆宽的增加使人体的前屈运动量增加,由此可知,裆弯宽度的增加,有利于臀部和大腿的运动。

裤子前片、后片的裆弯弧线的形态必须与人体臀股沟的前、后形态相吻合,人体穿着裤子后才能感到舒适。由于人体腹凸位置高,而人体臀凸位置低,侧面看人体腹部与臀部构成倾倒的椭圆型。因此,在裤子的结构设计中,前裆弯弧线的曲率小,而后裆弯的曲率大,并有一段较平缓的近似直线部分。

(五)裤装下裆缝的结构形态

裤装的下裆缝的结构形态有二种,一种是以裙裤造型为代表,其裤装前后片的下裆缝与垂直线之间的夹角为0°;一种是以西裤造型为代表,其裤装前后片的下裆缝与垂直线之间的夹角为近似39°,如图3-22所示。按正常人体的结构来处理裤子的下裆缝夹角,则前裤片的下裆缝夹角应为9°左右,而后裤片的下裆缝夹角应为30°左右。

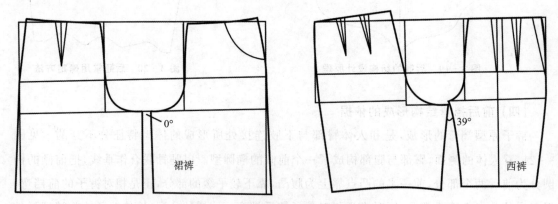

图3-22 裤装下裆缝的结构形态

任务二 裤装制板应用

一、裤装款式造型的设计

(一)长度的造型变化分类

按裤装的长短变化,裤装可分为长裤类、中长裤类、短裤类(图3-23)。随着裤装长短的变化,其裤子的款式也有变化,因此裤装的造型是非常丰富的。

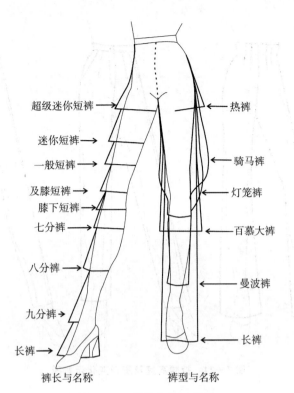

图 3-23　裤长变化示意图

（1）长裤是指裤子的长度至人体踝骨上下的男女裤子的总称。长裤穿着后给人以修长感觉，保暖性好，是最常见的裤款。

（2）中长裤指裤子的长度至膝盖骨以下，占长裤总长度的 3/4 左右，通常在"七分裤"至"九分裤"位置。中长裤具有轻松、凉爽、行动方便的特点，很适宜骑自行车时穿着。

（3）短裤是指裤子的长度在人体髋骨上方的男女裤子的总称。短裤由于长度不同，风格也不同。较短的短裤（也叫热裤、迷你短裤），给人以轻便明快、活泼健美的感觉，很适合青年、少年夏季穿着。较长的短裤，具有稳重大方、典雅轻快的特点，很适合年长者夏季穿着。

（二）腰口及裤脚口造型变化

裤腰是与裤身缝合的部件，起束腰和护腰的作用。裤腰位于裤子最上端，一般被上衣所掩盖，当裤子与短上衣或裤装配套穿着时，裤腰的装饰性才能体现出来。

（1）裤腰的结构变化有高腰、中腰、低腰等；裤脚口是指裤脚下口的边沿。

（2）裤脚口的款式变化通常可分为三大类，即锥形裤、直筒裤、喇叭裤等。

根据腰口及裤脚口的造型特点，低腰配喇叭裤、高腰配锥形裤较为常见，中腰造型正位于腰围最细处，可与多种裤型搭配（图 3-24）。

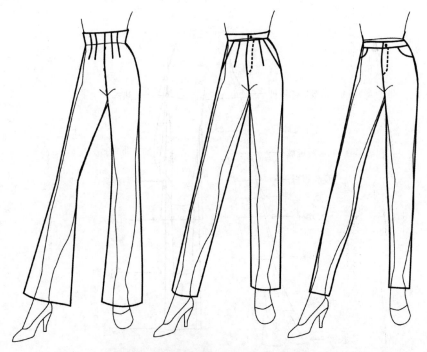

图 3 - 24   裤腰高度及脚口变化示意图

（三）裤装裆弧线的造型变化

裤装裆弧线变化是指裆弧线弯势大小的变化（图 3 - 25），以横裆线与前门襟直线的交点为圆心，以裆宽为转动半径，向下进行转动。从图上可以看到，转动后的立裆变得越深，裆宽变得越小，裆弧线的弯势也越小，下裆线变得越斜了，但前后裆弧线的总长度基本没变。而裆弧线变成直线时，裆宽变为零。通过裆弧线的变化，裤子的裤脚廓形会有很丰富的造型。

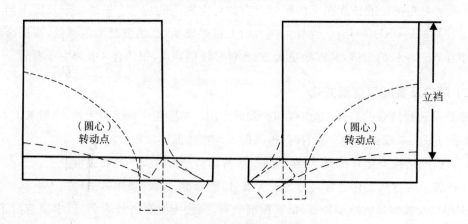

图 3 - 25   裤装裆弧线的造型变化

二、裤装款式造型制板实例

（一）裤装长度变化实例

1. 连腰直筒长裤

本款式为连腰结构,前后片各有 2 个褶裥,前片斜插袋,臀围合体,裤脚口直筒型,本款适用面料为毛料及混纺面料,如华达呢、凡立丁、花呢等,也可以选用有一定弹力和悬垂感的面料,如涤纶等化学纤维面料,款式结构如图 3 - 26 所示。

连腰直筒长裤制图规格表 单位 cm

号型	裤长（L）	臀围（H）	腰围（H）	脚口（SB）
165/68A	104	92＋4	68	21

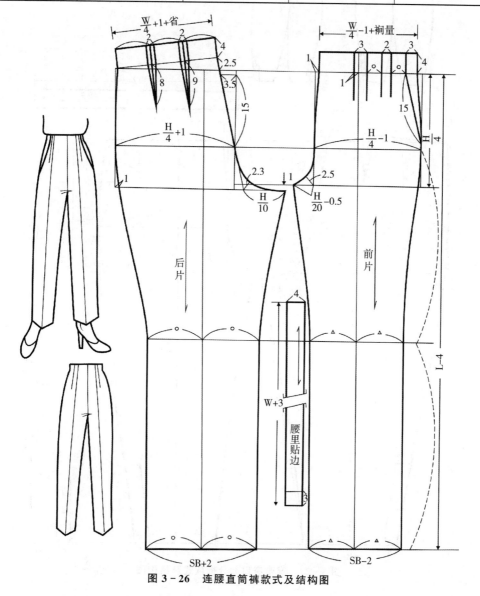

图 3 - 26 连腰直筒裤款式及结构图

2. 穿带窄口七分裤

本款式长度到小腿中段,裤脚口以穿带方式收紧,尽显干练与帅气的风格,裤片左右各一个侧缝袋,臀围加一定放松量。款式适合面料为棉料及混纺面料,也适合于麻质面料,款式与结构见图 3-27 所示。

穿带窄口七分裤制图规格表

单位 cm

号型	裤长(L)	臀围(H)	腰围(H)	脚口(SB)
165/68A	78	92+10	70	17

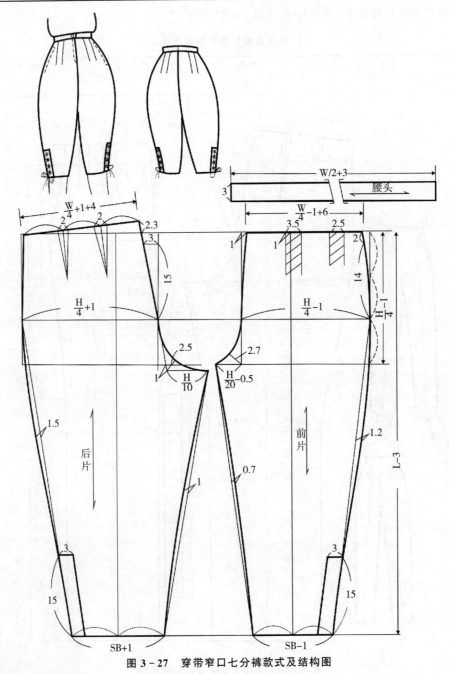

图 3-27　穿带窄口七分裤款式及结构图

3. 腰口抽褶短裤

裤长在膝关节以上的裤装通称短裤,本款为 O 型短裤,臀围松量追加 57 cm,腰与裤脚口收紧,即满足造型需求,又增加了服装的舒适性,裤子两侧的贴袋有一定装饰作用,同时又方便物品的存放,款式适合面料为棉料、麻料等较薄的材质面料,款式与结构见图 3 - 28 所示。

腰口抽褶短裤制图规格表 单位 cm

号型	身高(G)	裤长(L)	臀围(H)	腰围(H)
165/68A	165	45	92+0	70

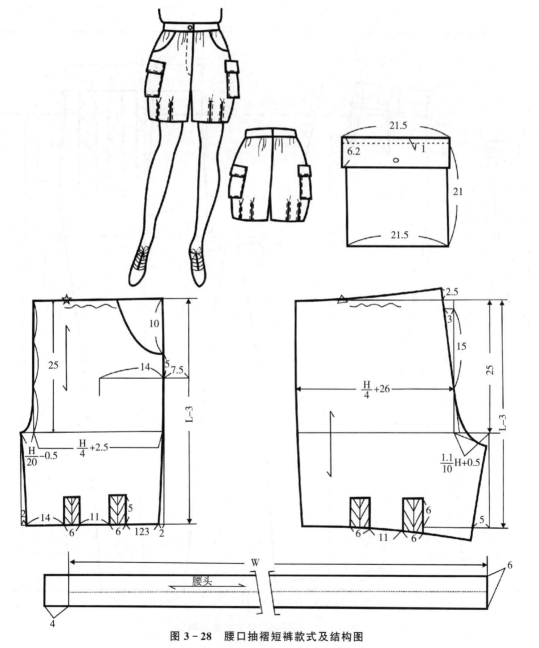

图 3 - 28 腰口抽褶短裤款式及结构图

（二）腰口及裤脚口造型变化实例

1. 高腰锥口裤规格与制板

腰头宽度 5 cm 以上定义为高腰裤，连身高腰裤的省道与褶裥为橄榄形结构，高腰裤多配窄口裤脚设计。本款适用面料一般为混纺面料，也可以选用有一定弹力和悬垂感的面料，款式与结构如图 3 - 29 所示。

				单位：cm
高腰锥口裤制图规格				
号型	裤长（L）	腰围（W）	臀围（H）	脚口（SB）
165/68A	104	68	92＋8	18

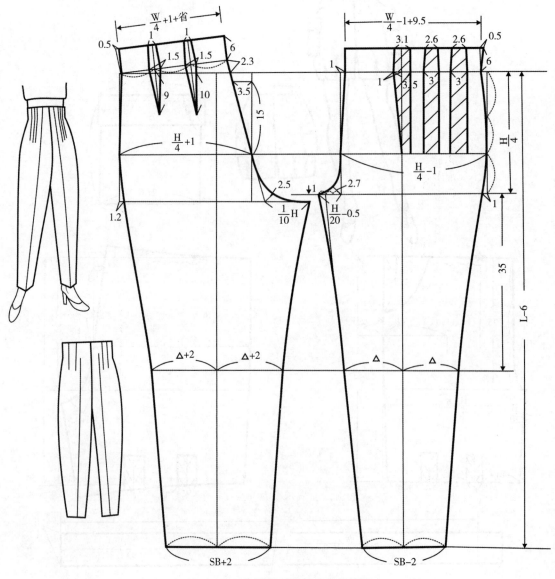

图 3 - 29　高腰锥口裤款式及结构图

2. 中腰直筒休闲裤的规格与制板

人体腰间最细处为中腰的腰口位置,腰头宽度一般 3～4 cm,本款式为弧形侧袋,后片有育克分割,后腰省合并转移。本款适用混纺面料,也可以选用有一定弹力和悬垂感的面料,款式与结构如图 3-30 所示。

中腰直筒休闲裤制图规格　　　　　　　　　　　　　单位:cm

号型	裤长(L)	腰围(W)	臀围(H)	脚口(SB)
165/68A	102	70	92+6	21

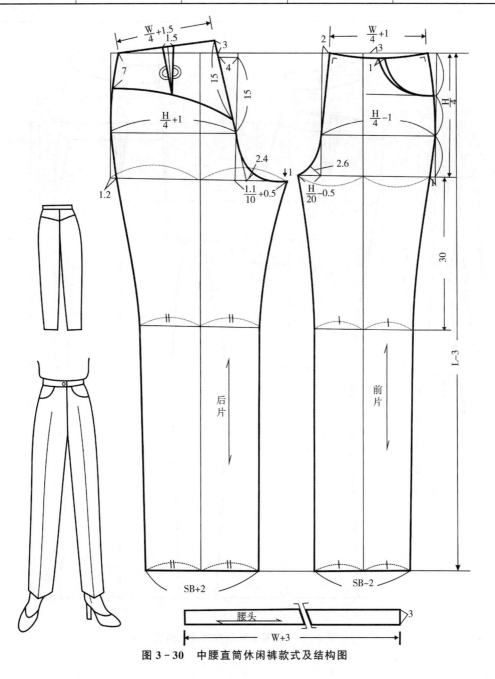

图 3-30　中腰直筒休闲裤款式及结构图

3. 低腰喇叭裤的规格与制板

低腰裤的腰线在腰围以下,腰围与臀围的差量较小,因为立裆的长度缩短,所以通常配适合脚口略宽的裤型。本款适用面料为毛料及混纺面料,也可以选用有一定弹力和悬垂感的面料,如化学纤维面料,款式结构如图 3－31 所示。

低腰喇叭裤规格表　　　　　　　　　　单位 cm

号型	裤长(L)	臀围(H)	腰围(H)	脚口(SB)	膝围(KL)	上裆(BR)
165/68A	102	90＋4	72	25	22	24

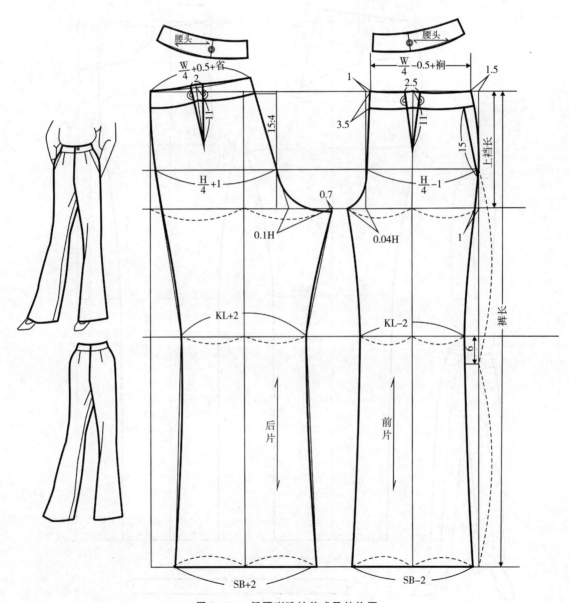

图 3－31　低腰喇叭裤款式及结构图

（三）裤装裆弧线的造型变化实例

1. 三角裤规格与制板

三角裤为短裤的极端形式，是贴体内裤，也是泳裤和比基尼裤。为提高其贴体性与舒适性，多采用针织面料或弹力面料，所以臀围的放松量可以为负值，腰部一般加松紧处理，款式与结构如图 3-32 所示。

三角裤规格表

单位 cm

号型	身高（G）	裤长（L）	臀围（H）	腰围（W）
165/68A	160	14.5	90-2	68

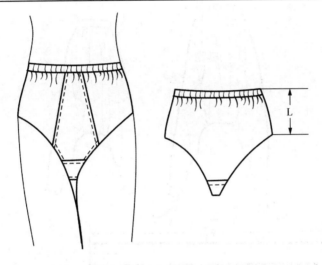

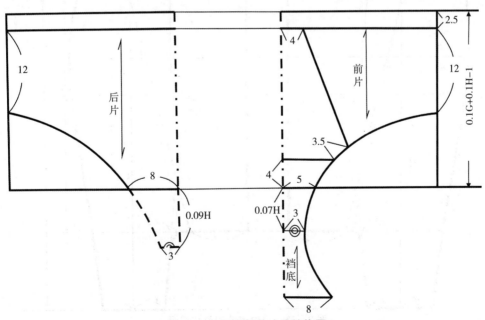

图 3-32 三角裤款式及结构图

2. 哈伦裤规格与制板

哈伦裤英文名为"Harem Pants(也有垮裆裤、掉裆裤、吊裆裤等名称)"。哈伦裤的裤裆宽松，大多会比较低，为了整体线条和谐，又不显得矮，裤管比较窄，选择柔软悬垂、略带褶皱感布料材质最能体现出款式风格，款式与结构如图3-33所示。

哈伦裤规格表　　　　　　　　　　　　　单位 cm

号型	身高(G)	裤长(L)	腰围(W)	臀围(H)	立裆(BR)	脚口(SB)
165/68A	165	95	68+2	92(净体)+褶裥量	25	19

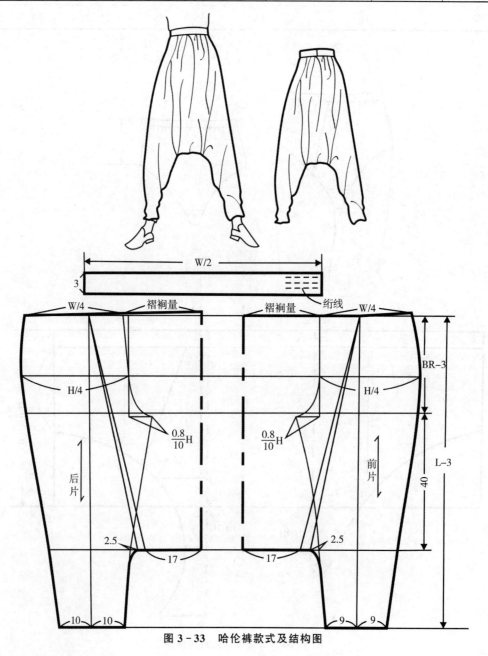

图3-33　哈伦裤款式及结构图

3. 家居裤规格与制板

家居裤也叫便装裤、衬裤,是人们居家的常服,一般腰部抽松紧,侧缝不剪开,尽量减少分割,极大限度体现舒适性。面料选用纯棉或丝绸材质较为舒适,也可采用混纺针织面料,款式与结构如图3-34所示。

家居裤规格表 单位 cm

号型	身高(G)	裤长(L)	臀围(H)	脚口(SB)
165/68A	165	84	94+10	21

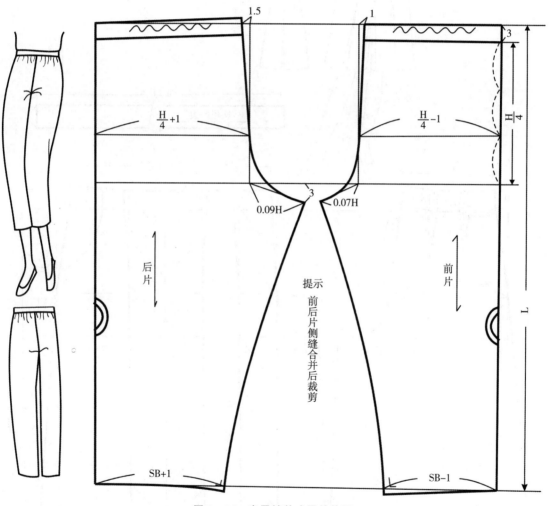

图 3-34　家居裤款式及结构图

4. 连腰褶裥裙裤规格与制板

裙裤集裙装的飘逸与舒适、裤装的活动方便于一体,是女性喜爱的服装款式之一,裙裤的裤口通常为直线或外张的斜线,因此裆宽的尺寸设计较大,款式造型变化也非常丰富。裙裤的

服装结构制图与工艺实训

面料采用柔软悬垂的材质为宜,图 3-35 为连腰褶裥裙裤的款式与结构图。

连腰褶裥裙裤规格表　　　　　　　　　　单位 cm

号型	裙裤长(L)	臀围(H)	腰围(W)
165/68A	64	94	70

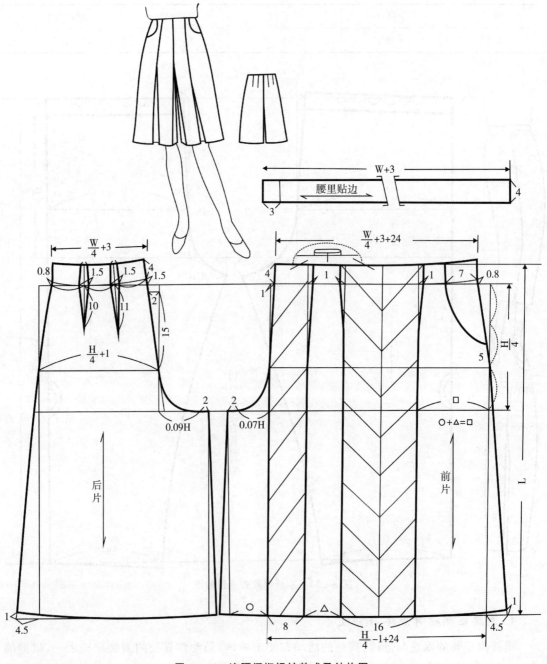

图 3-35　连腰褶裥裙裤款式及结构图

三、裤装系列款式的拓展设计开发

（一）裤装长度上的款式变化设计（图 3-36）

图 3-36　不同裤长的款式设计

（二）裤装造型上的款式变化设计（图 3-37）

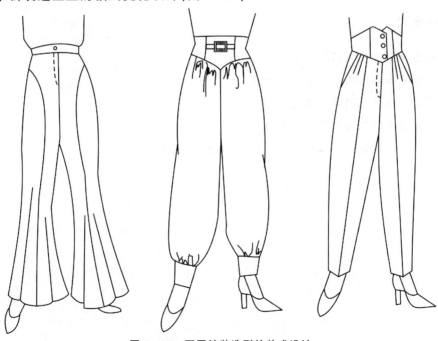

图 3-37　不同裤装造型的款式设计

（三）裤装裆弧线的款式变化设计（图 3 - 38）

图 3 - 38　不同裤裆弧线的款式设计

◎ 思考与练习

1. 掌握男女裤装款式图绘制的方法。

2. 熟悉裤装各部位名称与变化规律。

3. 绘制男西裤结构图并分解样板图。

4. 绘制变款牛仔裤结构图并分解样板图。

5. 绘制不同变化款式的裤装 5 款，并选择一款画出结构图。

项目三　衬衫制板

◎ **项目内容**

　　任务一：衬衫制板基础；任务二：衬衫制板应用

◎ **教学安排**

　　16 学时。

◎ **教学目的**

　　通过对衬衫造型及用料的了解，掌握常见衬衫款式的结构图绘制方法，通过对不同廓型、领型、袖型的变换组合，掌握衬衫款式设计技术与技巧，提高款式图绘制能力，培养学生衬衫设计与制板能力。

◎ **教学方式**

　　示范式、启发式、案例式、讨论式。

◎ **教学要求**

　　1. 在教师示范和指导下，掌握衬衫款式图绘制比例、线型等基本制图要求。

　　2. 掌握衬衫造型分类方法方法，并能独立完成结构图绘制。

　　3. 实操过程中，掌握制图标准与比例换算方法。

　　4. 在老师讲授的案例基础上，能够拓展思维，综合运用制图原则。

◎ **教学重点**

　　衬衫各部位的计算公式应用与变化。

任务一 衬衫制板基础

一、衬衫基础知识

（一）衬衫材料的选用方法

衬衫材料的选择根据风格而定，衬衫主要为内穿、外穿两大类。服装风格不同，对面料的性能要求也有差异，不同风格衬衫款式对应的常用面料如表4-1所示。

表4-1 衬衫款式与常用面料对应表

衬衫风格	典型品质	材料特征	面料选择
内衣衬衫	西服衬衫	舒适吸湿 保型性好	棉料：高等纱支棉、中等纱支棉 混纺：棉毛、棉麻、棉涤等
外穿衬衫	普通衬衫	舒适随意	棉料及混纺：牛仔布、灯芯绒等 麻料及混纺：亚麻细布等 人造纤维：仿真丝涤纶等

（二）衬衫规格的确定

1. 衬衫测量部位与方法（图4-1）

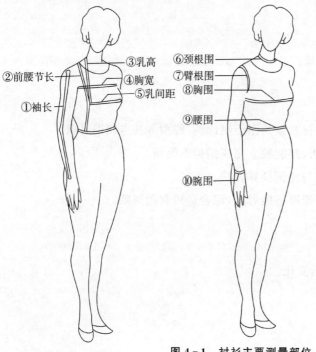
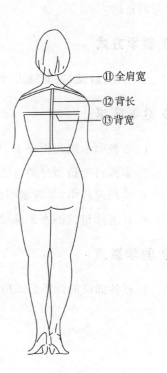

图4-1 衬衫主要测量部位

① 手臂长:测量肩点至尺骨下端的垂直距离。

② 前腰节长:以乳点为基点向上延伸至肩线(小肩线 1/2 点),向下延伸至腰线。

③ 乳高:颈侧点至乳高点的距离。

④ 胸宽:量取前胸左右腋点间的距离。

⑤ 乳间距:两个乳点间的距离。

⑥ 颈根围:取立姿正常呼吸,用软尺测量从喉结下 2 厘米经第七颈椎点的围长。

⑦ 臂根围:经肩端点、前后腋点水平测量一周。

⑧ 胸围:取立姿正常呼吸,用软尺测量经乳头点的水平围长。

⑨ 腰围:以腰部最凹处,肘关节与腰部重合点为测点,用软尺水平测量一周。

⑩ 腕围:随腕骨处围量一周。

⑪ 全肩宽:取立姿放松,用软尺测量左右肩端点经第七颈椎点的弧长。

⑫ 背长:随背形沿后中线从第七颈椎点测至腰节线。

⑬ 背宽:量取后背左右腋点间的距离。

2. 衬衫规格的常用加放范围

衣长＝后腰节长＋追加长度(20～24 cm)

袖长＝全臂长±调节长度(3～5 cm)

胸围＝人体净胸围＋放松度(10～16 cm)

领围＝人体净领围＋放松度(3 cm 以上)

肩宽＝人体全肩宽＋放松度(0～4 cm)

3. 衬衫部位名称（图 4 - 2）

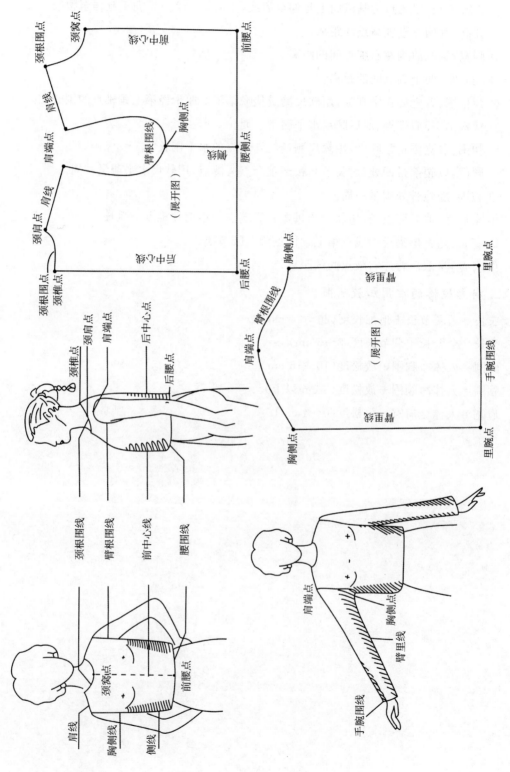

图 4 - 2　衬衫各部位名称

4. 衬衫结构线名称（图 4 - 3）

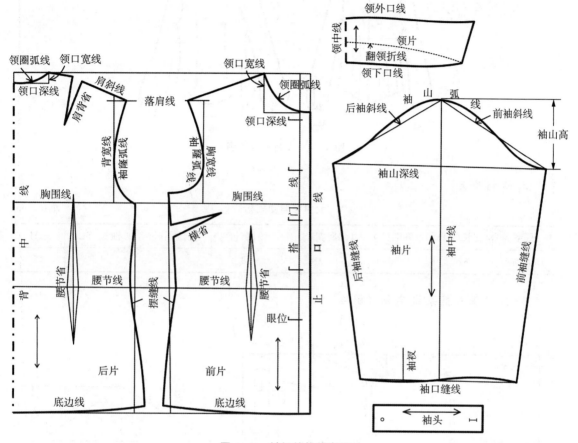

图 4 - 3　衬衫结构线名称

二、衬衫基本款结构设计与样板制作

（一）女衬衫结构制图

1. 款式图及款式概述

　　本款为合体造型尖角翻立领女衬衫,六粒扣,前片收腰省左右各三个,后片左右腰省各一个,圆下摆,圆装泡泡袖,袖口抽褶裥,装方头袖克夫,见图 4 - 4 所示,款式适用面料为纯棉材质。

图 4 - 4 女衬衫款式图

2. 规格制定

女衬衫制图规格
单位：cm

号型	衣长（L）	胸围（B）	肩宽（S）	领围（N）	前腰节长	袖长（SL）	AH
160/84A	62	96	39	38	40	56	45

3. 衬衫基本框架线绘制（图 4 - 5）

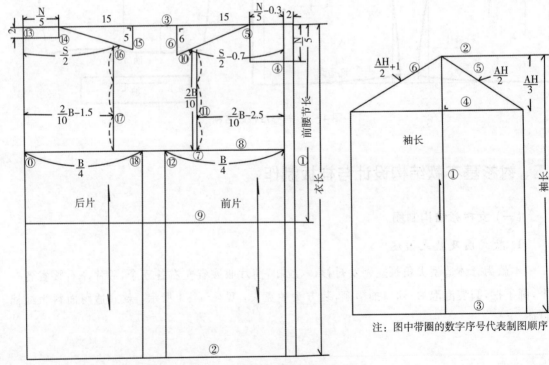

注：图中带圈的数字序号代表制图顺序

图 4 - 5 女衬衫基本框架制图顺序

4. 女衬衫结构绘制（图 4 - 6）

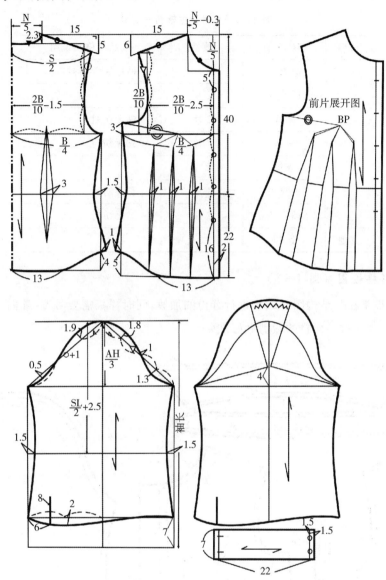

前片展开图

图 4 - 6 女衬衫结构图绘制

5. 女衬衫零料制图（图 4 - 7）

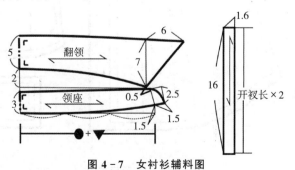

翻领

领座

开衩长×2

图 4 - 7 女衬衫辅料图

6. 女衬衫主辅料一览表（表 4-2）

表 4-2 女衬衫主辅料一览表

材料	部件名称	数量	成品规格及说明
面料	前衣片	2片	贴边黏无纺衬
	后衣片	2片	
	翻领	2片	黏无纺衬
	领座	2片	黏无纺衬
	衣袖	2片	
	袖克夫	4片	黏无纺衬
	袖衩条	2片	黏无纺衬
其他	钮扣	9粒	

7. 女衬衫样板图（图 4-8）

女衬衫样板是在其结构图基础上进行缝份的加放，同时样板需要号型、纱向、对位剪口、省位等各项标注，为女衬衫面料的裁剪做好准备。

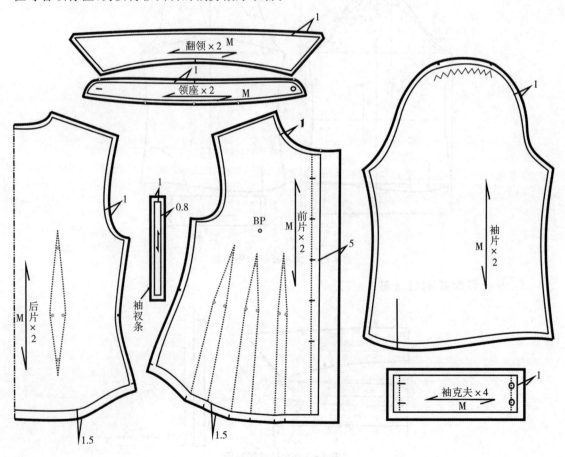

图 4-8 女衬衫样片图

（二）男衬衫结构制图

1. 款式图及款式概述

此款为外穿式男衬衫,尖角翻立领,六粒扣,左前身胸贴袋一个,装后过肩,后片中心有褶裥,直摆缝,弧下摆,装袖,袖口开衩2个裥,装斜角袖克夫,如图4-9所示。款式适用面料为棉料、麻料及混纺等。

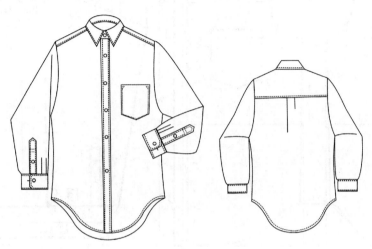

图4-9 男衬衫款式图

2. 规格制定

男衬衫制图规格   单位：cm

号型	衣长(L)	胸围(B)	肩宽(S)	领围(N)	前腰节长	袖长(SL)	袖克夫长
170/92A	76	110	42	40	43	60	26

3. 男衬衫结构绘制（图 4-10）

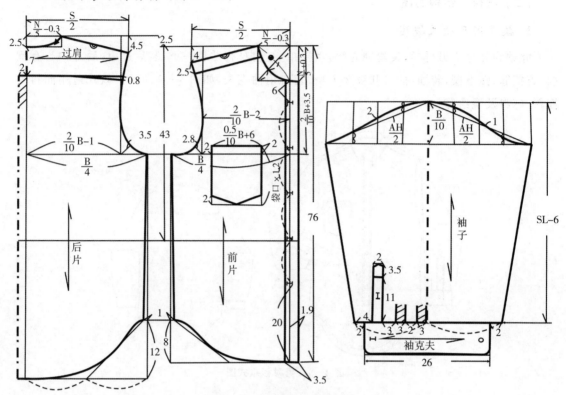

图 4-10　男衬衫结构图绘制

4. 男衬衫零辅料制图（图 4-11）

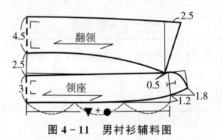

图 4-11　男衬衫辅料图

5. 男衬衫主辅料一览表（表 4-3）

表 4-3　男衬衫主辅料一览表

材料	部件名称	数量	成品规格及说明	材料	部件名称	数量	成品规格及说明
面料	前衣片	2 片	贴边黏无纺衬	面料	衣袖	2 片	
	后衣片	2 片			袖克夫	4 片	黏无纺衬
	翻领	2 片	黏无纺衬		大袖衩	2 片	黏无纺衬
	领座	2 片	黏无纺衬		小袖衩	2 片	黏无纺衬
	过肩	2 片			袋布	1 片	
	明门襟	1 片	约 2 cm 宽	其他	钮扣	5 个	

6. 男衬衫样板图（图 4 - 12）

男衬衫样板是在其结构图基础上进行缝份的加放,同时样板需要号型、纱向、对位剪口、袋位等各项标注,为男西裤面料的裁剪做好准备。

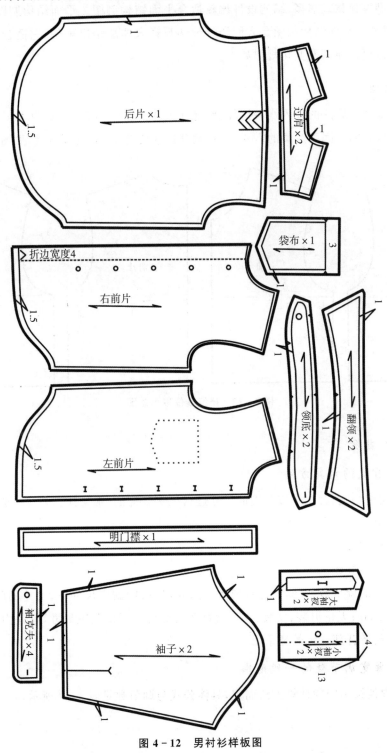

图 4 - 12　男衬衫样板图

三、衬衫结构设计原理与变化

衬衫的造型宽松款式居多,结构设计比较适合平面结构制图。平面结构制图分为原型法和比例法(公式法),平面结构制图是人们经过长期观察人体总结出来的,它适合于正常人体,衬衫的主要部位设计原理及变化规律如下。

(一)摆缝线

摆缝线是服装前后片的分界线,衬衫的摆缝在人体的腋下,前后基本为 1/4 胸围比例,故也称四开身结构。如果因为造型的需要,衬衫侧缝位置会有 1 cm 的调节量,见图 4-13 所示.

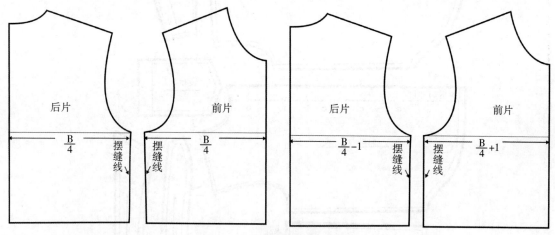

图 4-13　摆缝线位置示意图

(二)胸宽、背宽

1. 胸宽、背宽的计算方法

在衣身结构中胸宽、背宽是按胸围的尺寸进行比例分配的,常见计算公式一般为:

(1) 1.5B/10＋调节数

(2) B/6＋调节数

(3) 2B/10－调节数

这里男、女装的调节数不同,女体较男体略圆润,故相同胸围尺寸下,女体的胸宽、背宽略小于男体 0.5~1 cm;无论男装、女装,衣片后背宽尺寸均大于前胸宽尺寸,这是由于人体以向前运动为主,应给予背部一定的宽余量。

2. 胸宽、背宽调节数的一般范围

调节数的取值按不同的计算方法而定,具体公式与调节数见表 4-4 所示。

表 4 - 4　衬衫胸宽、背宽常用计算方法

方法	基本公式	调节数	
		前胸宽	后背宽
1	1.5B/10＋调节数	女:3~3.5 cm	女:4~4.5 cm
		男:3.5~4 cm	男:4.5~5 cm
2	B/6＋调节数	女:2 cm	女:3 cm
		男:3 cm	男:4 cm
3	2B/10－调节数	女:2~2.5 cm	女:1~1.5 cm
		男:1.5~2 cm	男:0.5~1 cm

3. 胸宽、背宽的调节

胸宽、背宽也不是一成不变的,随人体不同而有差异,可以在调节数上加以调整。圆胖体型的人,体型浑厚,胸宽、背宽相对小,而袖窿门宽度应增大,调节数可以设计小些。扁平体与其相反。遇到挺胸体,胸宽应适当增加,背宽适当减小,驼背体与其相反。

(三) 肩斜度与落肩量

肩部是支撑服装的重要部位,假如服装的肩斜度与人体肩斜不符,会使服装的胸、背、腋下产生皱折。因此,肩斜度是服装结构设计的重点之一。一般正常人体的肩斜度为 18°~22°,人体的肩部呈前弓形,肩头处略前倾,见图 4 - 14。

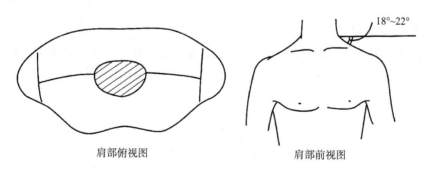

肩部俯视图　　　　　肩部前视图

图 4 - 14　人体肩部形态

根据人体肩部部形态,在服装平面结构处理上,为了保证肩缝线准确的落在肩部中央位置,肩斜度的设计规律为:

(1) 肩斜度的确定方法,肩斜度的确定方法有两种。一种为肩斜度表示法,即服装结构制图上用比例法和角度法取值,见图 4 - 15(A)。一种为落肩表示法,即服装结构制图上采用以胸围或肩宽进行比例分配确定落肩量,见图 4 - 15(B)。

(2) 人体的肩部呈前弓形,肩头呈前倾状。因此,前肩斜度应大于后肩斜度,即前落肩量

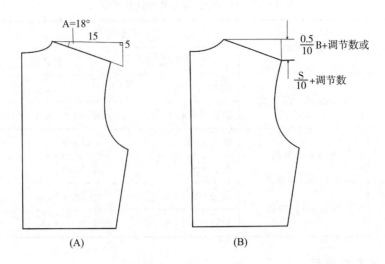

图 4-15 肩斜线绘制方法

应大于后落肩量。前后肩斜度之差约 2°左右,前后落肩量差约 0.5 cm。

(3) 肩斜度在结构设计中也因人而异,以上的肩斜度确定方法适应正常体,当遇到以下情况应进行适当调整:

① 溜肩的人,因人体肩斜度大,所以结构上落肩量相应增大,耸肩或平肩的人亦反之处理;

② 驼背体及两肩头前倾(冲肩体)较大的者,在结构处理上应增加前、后落肩差,使前落肩量增加,后落肩量减小,调节肩缝线呈前倾状以适合人体。

(四) 前后袖窿深差

在结构制图上,国内常用的表示前后袖窿深的方法有两种。一种以肩颈侧点(SNP)到胸围线(BL)间的距离表示,一种以肩端点(SP)到胸围线间的距离表示,见图 4-16 所示。

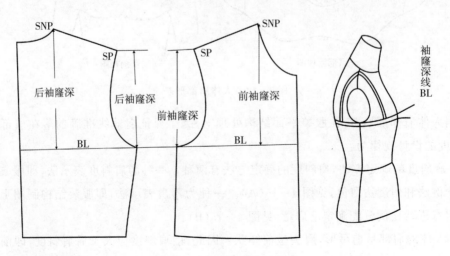

图 4-16 袖窿深的表示方法

由于人体背部隆起,肩部呈前弓状,使服装的前后袖窿有一定的差值。前后袖窿深差由于男、女体型上存在差异,其值是不同的。以颈侧点计算袖窿深的方法来确定,一般男装前后袖窿深差为 2.5 cm 左右,女装为 1 cm 左右。

遇到特殊体型,前后袖窿深差应调正。驼背体由于背部隆起偏甚,肩部前弓增加,在结构上前后袖窿深差值应增大,既前袖窿略小,后袖窿深略大。挺胸体反之调正。

当服装款式一定时,一般胸宽、背宽因人体限制而确定,要调节袖窿的围度大小,通常以调节袖窿深为途径。

(五) 冲肩量

冲肩量指肩宽与胸宽、背宽二者的差值,冲肩量受肩宽、胸宽、背宽等影响。胸宽、背宽的比例确定是以服装的胸围为依据,胸围放松度大,则冲肩量由于胸宽和背宽的计算比值增大而减小,因此肩宽、冲肩、胸宽、背宽等应视具体情况,来寻找符合人体的数量之间的平衡。可以通过撇胸调节冲肩量。注:撇胸指为调节人体前胸线斜度而在衣片的前止口撇进 1~2 cm 的余量。

正常情况下,前衣片冲肩量大于后衣片冲肩量,这是由于胸宽小于背宽,前胸又有撇胸调节。前衣片冲肩量正常在 2.5~3.5 cm 左右,后片冲肩量为 1~2.5 cm 左右。

老年人因体态肥胖,胸围增大,肩宽相对较窄,冲肩量略小。结构设计中,可能由于按胸围计算胸宽、背宽,使冲肩过小,为求结构的平衡,可以适当调小胸宽、背宽的调节数,或者加肩省来调节。

任务二　衬衫制板应用

一、衬衫款式造型的设计

(一) 廓型变化分类

按外轮廓变化,衬衫常分为 X、H、A、Y 四种廓型(4-17)。X 型衬衫的结构特点是:宽肩、细腰、大臀围和宽下摆的服装造型,接近人体体型的自然线条,穿着时比较合体,具有窈窕、优美、生动的情调,是女衬衫中最常见的款式造型;H 型是宽腰式的服装造型,外轮廓类似矩形,它弱化了肩、腰、臀之间的宽度差异,使服装的造型呈现宽大、修长和舒展状态,一般常见于男衬衫或者是宽松的女衬衫款式;A 型衬衫是指上窄下宽的服装造型,其造型特点是:整体造型像字母 A,其肩部至胸部比较贴体,自腰部向下散开,下摆比较大,整体呈现出活泼、潇洒、青春而富有活力;Y 型是指上宽下窄的服装造型,其结构特点是:肩部比较夸张,然后经腰线、臀线渐渐收拢,上身呈宽松型,下身比较贴身合体。为了强调肩宽,一般在肩部会装垫肩。整体造型颇显男性化特征,给人一种洒脱、自信、坚定、大方的感觉。

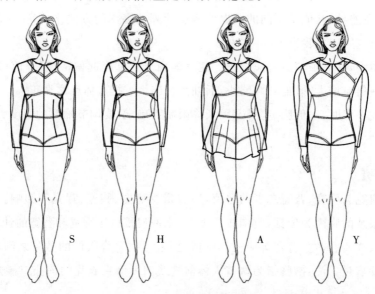

S　　　　　H　　　　　A　　　　　Y

图4-17　衬衫廓型变化示意图

(二)衣领结构与分类

衣领在服装上占据了最醒目的位置,是服装设计的重点之一。领主要由领窝和领片两部分组成,领窝就是以人体的颈部外形为基准在衣身上挖空的部分,在衣身上称之为领窝弧线或领口弧线。领窝弧线的形态、大小依据服装的需要而变,不受人体颈部领片的限制,但又不能完全摆脱其作用。领片就是与"领窝"相配合的独立裁片。领窝与领片之间有严格的一致性,领窝弧线和领下口弧线是一对相关结构线,必须在结构设计时做到形态上和长度上的吻合,领的组成如图4-18所示。

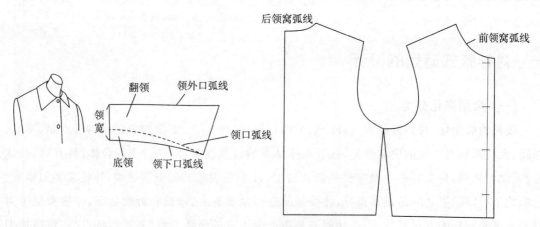

图4-18　衬衫衣领组成示意图

衬衫衣领主要分为无领、立领、翻领、花样领四种(图4-19)。

(1)无领型衣领是直接以衣身的领窝弧线为造型性结构线的一种领型,特点是只有领窝而无领片；

（2）条状的领片围绕于人体的颈部的领型称之为立领，立领可分为直角立领、钝角立领、锐角立领；

（3）翻领是衬衫上使用最多的领型之一，可细分为翻立领、连翻领、坦翻领、波浪领等；

（4）花样领指时装衬衫中创新设计的衣领。

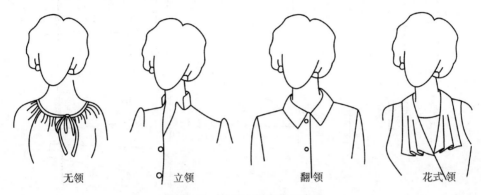

无领　　　　　立领　　　　　翻领　　　　　花式领

图 4-19　衬衫衣领变化示意图

（三）衬衫衣袖的结构与分类

衣袖是服装的又一个重要组成部分，也是服装设计的一个重点。人体的手臂是人们工作、运动等日常活动最常使用的肢体，衣袖的结构设计既要注意其造型性，又得讲究其功能性，并考虑其运动幅度。

人体的手臂呈前弯曲的状态，因此人体的静态的腋窝截面的形态呈略倾倒的椭圆形，并且上小下大，略像鸭蛋状。腋窝及袖窿弧线的标准状态见图 4-20 所示。

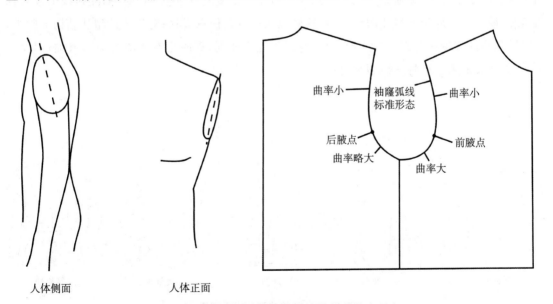

人体侧面　　　　人体正面

图 4-20　人体腋窝截面与袖窿结构的基本形态

人体的躯干部基本处于较稳定的状态,而人体的手臂活动范围则较大,因此要设计一个活动量大而又保持一定造型的袖子是不可能的,只有在两者之间兼顾考虑。袖的组装角度(袖子与水平线的夹角)决定衣袖的造型与活动量,袖的组装角度越大,袖山高度应越高;袖子造型好则袖子的运动功能差。衣袖组装角度与袖山高度的关系如图4-21所示。

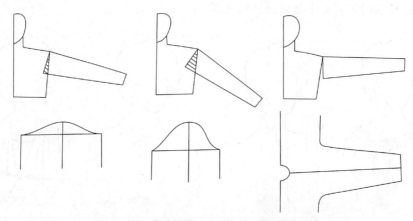

图4-21　袖的组装角度与袖山高度的关系

衬衫衣袖按组装方式主要分为圆装袖、插肩袖、连袖、无袖、宽松袖等,如图4-22所示。

圆装袖就是以人体腋窝围线为基础而形成衣身和袖身的交界线的一类袖型,衣身的袖窿弧线与袖身的袖山弧线是一对相关结构线;插肩袖就是指衣身的肩部与袖身连接为一体的袖型,这种袖型是时装中常用的一种袖型;连袖是指袖身与衣身或衣身的大部分连为一体的袖型,这种袖型是我国古代服装中最具有代表的一种袖型,经改良,也是我国近代和现代服装中仍具魅力的袖型之一;无袖是指以袖窿弧线为造型线而变化的一类袖型。袖窿弧线上没有袖片组装,袖窿弧线属于造型性的结构线,袖窿弧线可以是任意形状;宽松式袖型从结构上归类,可以属圆装袖或带有分割线的连袖,但又与其不完全相同,现时也有人称之为落肩袖,但又不全面,因此我们做一种特殊袖型来讨论。

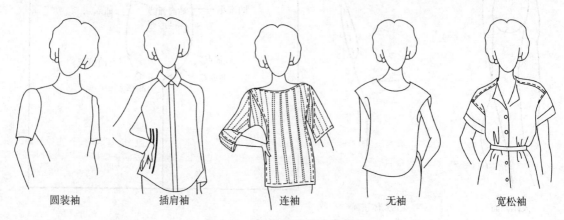

圆装袖　　插肩袖　　连袖　　无袖　　宽松袖

图4-22　袖的造型分类示意图

二、衬衫款式造型制板实例

（一）衬衫廓型变化实例

1. 塔克褶立领修身 X 型女衬衫

本款衬衫前片衣襟处采用塔克褶处理，袖口规律褶裥，法式方头袖克夫，装木耳边立领，肩部有育克分割，后片长于前片，弧形底摆。款式与结构如图 4 - 23 所示，款式适用面料为纯棉、混纺、人造纤维等。

塔克褶立领修身女衬衫制图规格表　　　　单位 cm

号型	衣长（L）	胸围（B）	肩宽（S）	领围（N）	袖长（SL）	袖口（CW）
160/84A	65	94	38	39	56	24

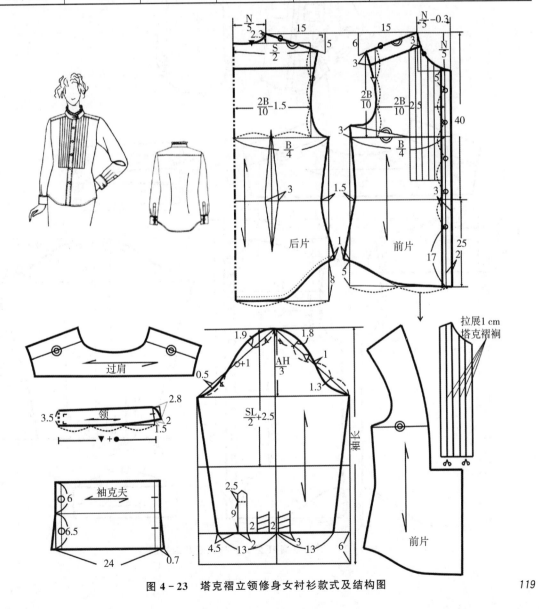

图 4 - 23　塔克褶立领修身女衬衫款式及结构图

2. 宽松落肩 H 型女衬衫

本款衬衫前片贴袋处理,肩部下落,造型宽松,后片有箱型褶,肩部有育克分割,款式与结构如图 4 - 24 所示,款式适用面料为纯棉、麻料、混纺等。

宽松落肩 H 型女衬衫制图规格表　　　　　　　　　　单位 cm

号型	衣长(L)	胸围(B)	肩宽(S)	领围(N)	袖长(SL)	袖口(CW)
160/84A	72	106	40	38	53	24

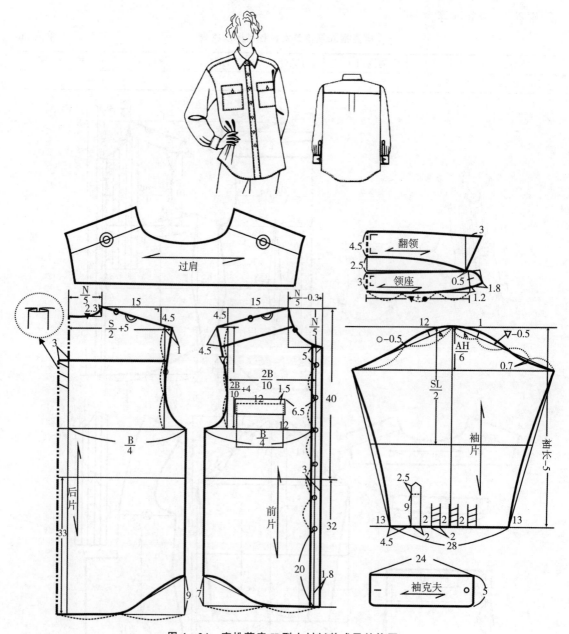

图 4 - 24　宽松落肩 H 型女衬衫款式及结构图

3. 内衣款 H 型男衬衫

本款为尖角翻立领,六粒扣,左前身胸贴袋一个,装后边肩,后片左右裥各一个,直摆缝,平下摆,装袖,袖口开衩三个裥,装圆头袖克夫,如图 4-25 所示,款式适用面料为纯棉、麻料等。

内衣款 H 型男衬衫规格表 单位:cm

号型	衣长(L)	胸围(B)	肩宽(S)	领围(N)	袖长(SL)	袖口(CW)
170/92A	72	110	42	40	60	26

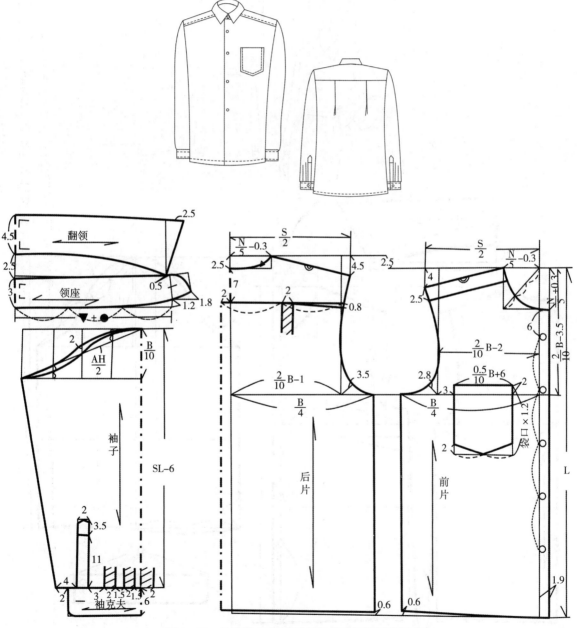

图 4-25　内衣款 H 型男衬衫款式及结构图绘制

4. 基本款 A 型女衬衫规格与制板

本款为典型女衬衫,腋下收省,A 字造型,后片无分割,平摆,袖口开衩在袖缝中款式与结构如图 4 - 26 所示,款式适用面料为纯棉、麻料、混纺等。

基本款 A 型女衬衫制图规格　　　　　　　　　　　　单位:cm

号型	衣长(L)	胸围(B)	肩宽(S)	领围(N)	袖长(SL)	袖口(CW)
160/84A	64	96	38	38	58	24

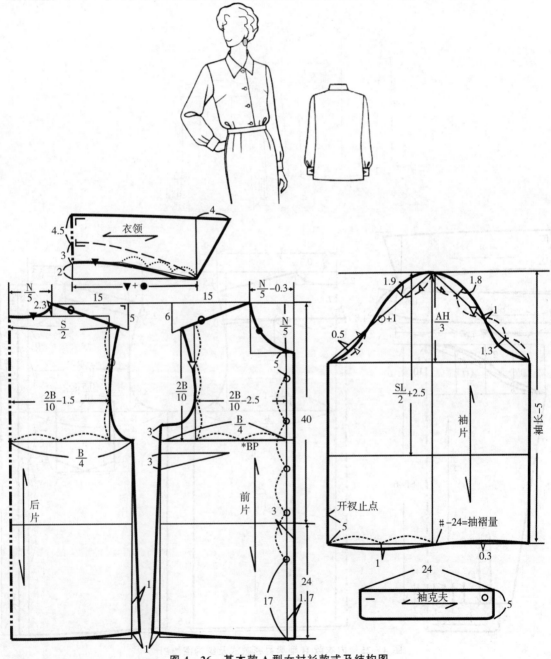

图 4 - 26　基本款 A 型女衬衫款式及结构图

5. 宽松款 Y 型女衬衫规格与制板

本款衬衫肩部加宽,后片横分割,阴性褶,平摆,圆角翻领,款式与结构如图 4-27 所示,款式适用面料为纯棉、麻料、人造纤维等。

宽松款 Y 型女衬衫制图规格 单位:cm

号型	衣长(L)	胸围(B)	肩宽(S)	领围(N)	袖长(SL)	袖口(CW)
160/84A	64	110	38	40	58	22

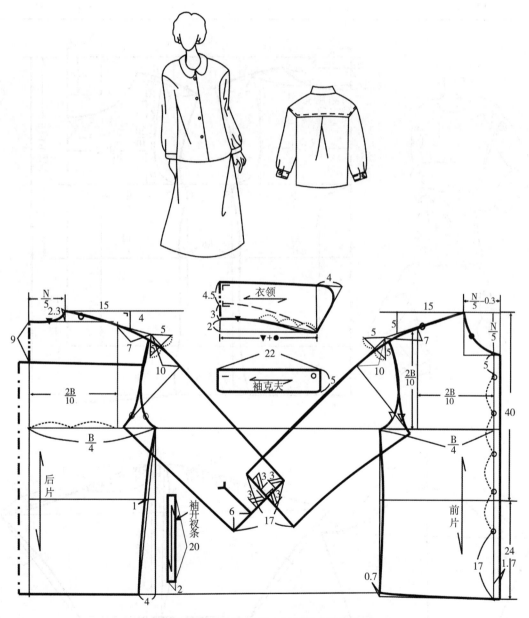

图 4-27 宽松款 Y 型女衬衫款式与结构图

（二）衬衫衣领变化实例

1. 无领松身落肩褶裥袖女衬衫

本款衬衫无领，领口内加贴边处理，肩部下落，造型宽松，底边略收紧，衣袖有碎褶，款式与结构如图 4 - 28 所示，款式适用面料为纯棉、麻料、混纺等。

无领松身落肩褶裥袖女衬衫制图规格表　　　　　　　单位 cm

号型	后衣长(L)	胸围(B)	肩宽(S)	领围(N)	袖长(SL)	袖口(CW)
160/84A	65	96	38	38	35.5	33

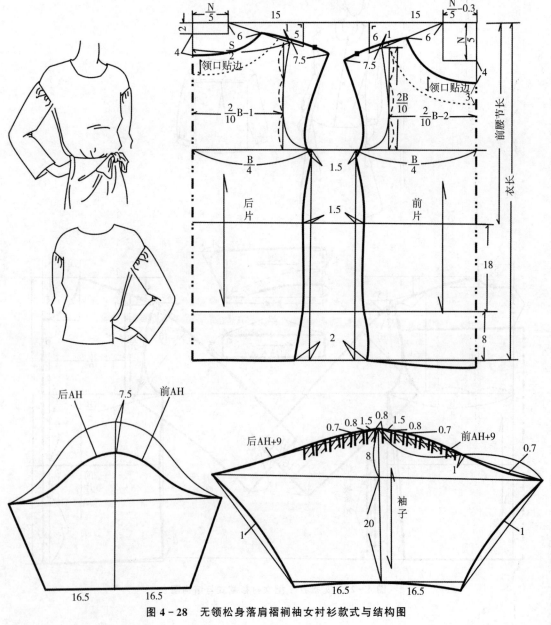

图 4 - 28　无领松身落肩褶裥袖女衬衫款式与结构图

2. 连身立领肩部褶裥合体女衬衫

本款衬衫连身立领处理,一片合体袖,菱形下摆、合体型衣身,肩部有三个褶裥,款式与结构如图 4 - 29 所示,款式适用面料为纯棉、麻料、混纺等。

连身立领肩部褶裥合体女衬衫制图规格表 单位 cm

号型	后衣长(L)	胸围(B)	肩宽(S)	领围(N)	袖长(SL)	袖口(CW)
160/84A	56	96	38	38	57	27

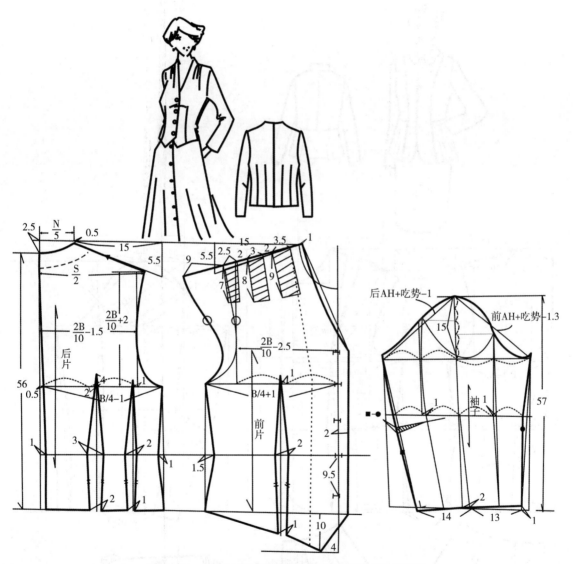

图 4 - 29 连身立领肩部褶裥合体女衬衫款式与结构图

3. 翻领贴体女衬衫

本款为制服式衬衫,前片以公主线分割,底边扇形拉展,收腰,圆角翻领,一片合体袖,款式与结构如图4-30所示,款式适用面料为混纺材质。

燕子领贴体女衬衫制图规格表　　　　　　　　　　　　　　单位 cm

号型	衣长(L)	胸围(B)	肩宽(S)	领围(N)	袖长(SL)	袖口(CW)
160/84A	58	92	38	38	56	25

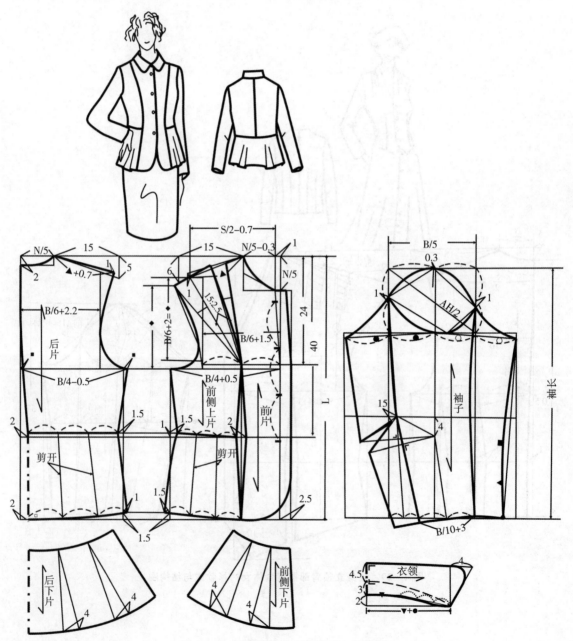

图 4 - 30 　翻领贴体女衬衫款式与结构图

4. 荷叶边领女衬衫

本款衬衫为平贴荷叶边衣领,设袖口省的一片袖造型,袖口接荷叶边,款式与结构如图 4-31 所示,款式适用面料为纱、丝绸等。

荷叶边领女衬衫制图规格表　　　　　　　　　　单位:cm

号型	后衣长(L)	胸围(B)	肩宽(S)	领围(N)	袖长(SL)	袖口(CW)
160/84A	65	94	38	38	52	展开前20

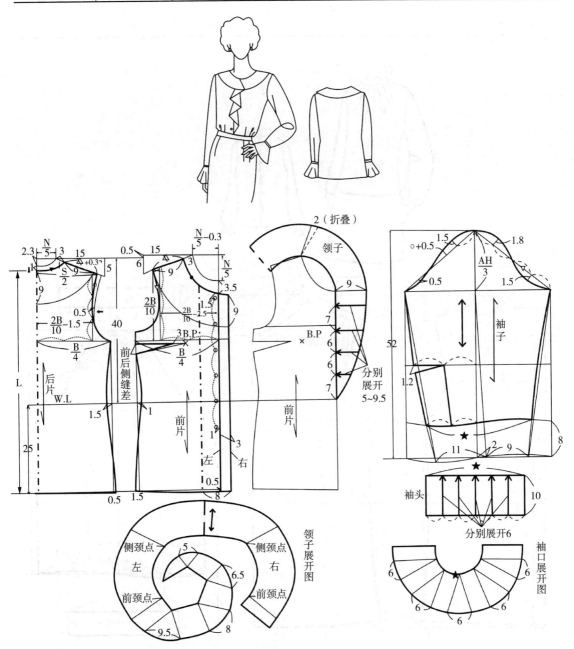

图 4-31　荷叶边领女衬衫款式与结构图

（三）衬衫衣袖变化实例

1. 抽褶立领圆装分割袖女衬衫

本款衬衫为后开衣襟，前领口抽褶，直角立领，宽松袖，袖口抽细褶，款式与结构如图4-32所示，款式适用面料为纯棉、麻料、混纺等。

抽褶立领圆装分割袖衬衫制图规格表　　　　　　　　　　　　　　　　单位 cm

号型	后衣长(L)	胸围(B)	肩宽(S)	领围(N)	袖长(SL)	袖口(CW)
160/84A	62	96	38	39	57	23

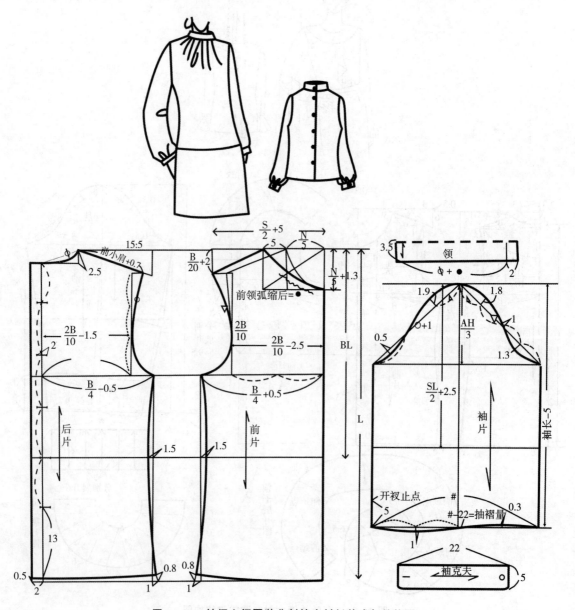

图4-32　抽褶立领圆装分割袖女衬衫款式与结构图

2. 插肩袖松身女衬衫

本款衬衫左前片贴袋,插肩袖结构,造型宽松,前片长于后片,款式与结构如图 4-33 所示,款式适用面料为纯棉、麻料、混纺、丝绸等。

插肩袖松身女衬衫制图规格表

单位 cm

号型	衣长(L)	胸围(B)	肩宽(S)	领围(N)	袖长(SL)	袖口(CW)
160/84A	80	116	40	39	57	24

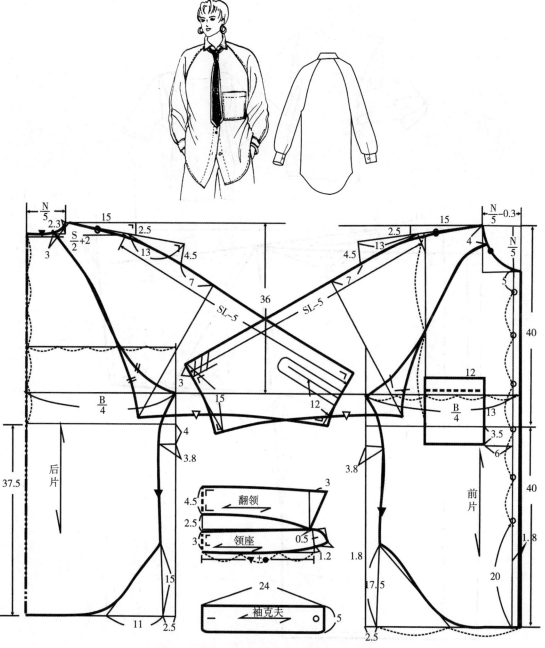

图 4-33　插肩袖松身女衬衫款式与结构图

3. 连袖松身女衬衫

本款衬衫连袖分割处理,肩线平坦,造型宽松,衣身平面处理,未设省道处理,款式与结构如图 4 - 23A 所示,款式适用面料为纯棉、麻料、混纺、丝绸等。

插肩袖松身女衬衫制图规格表　　　　　　　　　　　　　单位:cm

号型	衣长(L)	胸围(B)	肩袖长(SL)	袖口(CW)
160/84A	65	112	47	40

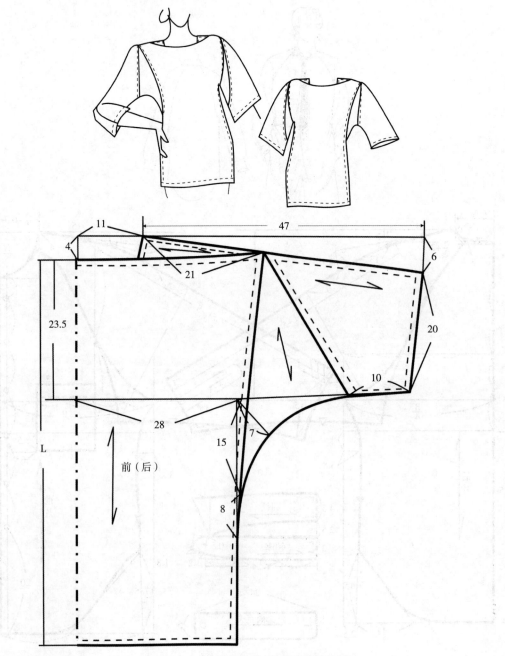

图 4 - 34　连袖松身女衬衫款式与结构图

4. 抹袖松身下摆打结式女衬衫

本款衬衫为抹袖(也称冒袖),肩线平坦,直身造型,前中心线设开衩,可随穿着者的习惯进行打结处理。款式与结构如图4-35所示,款式适用面料为纯棉、麻料等。

抹袖松身下摆打结式女衬衫制图规格表 单位 cm

号型	后衣长(L)	胸围(B)	肩宽(S)	领围(N)	袖长(SL)	垫肩高
160/84A	65	96	38+4=42	40	10	2

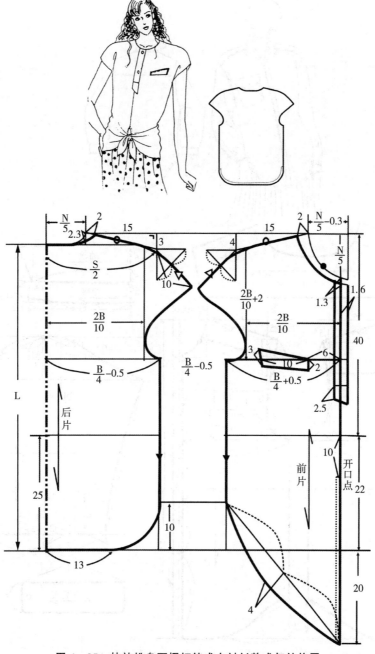

图4-35 抹袖松身下摆打结式女衬衫款式与结构图

5.宽松袖女衬衫

本款衬衫为连立领宽松袖造型,衣身平面处理,未设省道,单贴袋,宝剑头式袖开衩,款式与结构如图 4-36 所示,款式适用面料为纯棉、麻料、混纺、丝绸等。

插肩袖女衬衫制图规格表　　　　　　　　　　单位 cm

号型	后衣长(L)	胸围(B)	肩宽(S)	领围(N)	袖长(SL)	袖口(CW)
160/84A	75	100	40+6=46	39	56	32

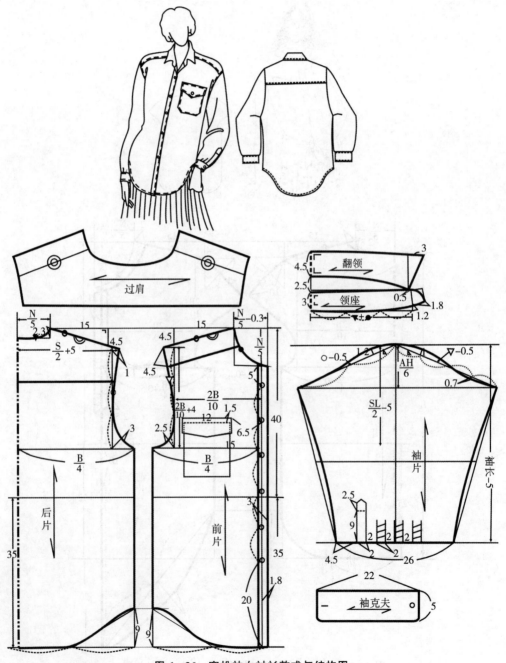

图 4-36　宽松袖女衬衫款式与结构图

三、衬衫系列款式的拓展设计开发

绘制前后款式效果图各 3～4 例。

1. 衬衣袖的款式变化设计（图 4-37）

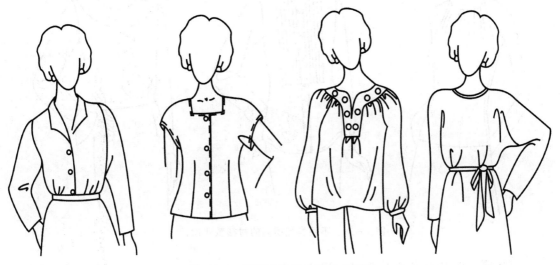

图 4-37 不同衣袖变化的款式设计

2. 衬衫造型上的款式变化设计（图 4-38）

图 4-38 不同衬衫造型的款式设计

3. 衬衫褶裥的款式变化设计（图 4 - 39）

图 4 - 39　不同类型褶裥的衬衫款式设计

4. 衬衫衣领的款式变化设计（图 4 - 40）

图 4 - 40　不同衣领变化的款式设计

◎ 思考与练习

1. 掌握男女衬衫款式图绘制的方法。

2. 熟悉衬衫各部位名称与变化规律。

3. 绘制基本款男女衬衫结构图并分解样板图。

4. 设计无领 A 型女衬衫款式并绘制出结构图。

5. 绘制不同变化款式的衬衫 5 款,并选择一款画出结构图。

项目四　裙装缝制

◎ **项目内容**

任务一:服装设备认知;任务二:裙装的缝制。

◎ **教学安排**

16 学时。

◎ **教学目的**

通过对服装设备的了解,掌握常用缝纫设备的使用方法与日常维护;通过对裙装各部位缝制方法的学习与了解,掌握裙装的工艺组合技术与技巧,锻炼动手操作能力,培养学生裙装制作工艺及裙装工艺流程的设计能力。

◎ **教学方式**

示范式、启发式、案例式、讨论式。

◎ **教学要求**

1. 在教师示范和指导下,掌握裁剪设备、缝纫设备、熨烫设备的使用方法。
2. 掌握裙装部件的不同缝制方法。
3. 实操过程中,掌握裙装各环节工艺流程与工艺标准。
4. 在完成女西装裙缝制的基础上,掌握裙装缝制工艺变化流程。

◎ **教学重点**

平缝机的使用操作及裙装的缝制方法。

任务一 服装设备认知

服装缝制工艺主要包括裁剪、缝纫、熨烫，这三个工艺的实现主要依靠各种服装设备。包括裁剪设备、缝纫设备、熨烫设备等。

一、裁剪常用设备

裁剪是将面料剪裁成衣片的过程，裁剪工序是成衣生产中一个重要环节，裁剪常用的设备主要有裁剪台、裁剪机、黏合机。

（一）裁剪台

裁剪台即裁床(图5-1)，是铺料、排料、裁剪工序的操作平台。由台面架和台面构成。裁剪台的长度和宽度随面料的幅宽及生产品种的需要而定。常见的台面宽度为 100～240 cm，台面长度为 900～1200 cm 左右。

图5-1 裁剪台

（二）裁剪机

常用的裁剪机是直刃裁剪机和圆刀式裁剪机。直刃裁剪机(图5-2)是由操作者握持推动，通过刀片的上下往复运动完成切布。它的切割厚度为9～29 cm，适用与各种面料、各种形状，是应用最为广泛的一种裁剪设备。圆刀裁剪机(图5-3)的刀片为圆盘状，直径为6～25 cm，由电动机带动圆形刀片高速旋转来完成切布。它体积比直刃裁剪机体积小、轻便，裁剪直线时速度快、效果好，但剪切厚度有限。

图 5 - 2　直刃裁剪机

图 5 - 3　圆刀裁剪机

（三）黏合机

黏合衬上的胶粒（即黏合剂）是热熔胶，将热熔胶加热到其熔点温度时，热熔胶变成具有一定黏性的黏流体，慢慢浸润面料表面。此时，对黏合衬和面料施加一定的压力，经过一段时间，黏合衬与面料便黏合在一起，待冷却后，两者之间就会具有一定的黏合强度。影响黏合质量的工艺参数主要有黏合温度、黏合压力、黏合时间三个因素。黏合机也称压衬机（图 5 - 4），是用热熔、加压的原理，将黏合衬与面料黏合在一起的设备。其加热区温度均匀，黏合效果好，效率高。

图 5 - 4　黏合机

二、缝纫设备

缝纫是选择适当的工艺、设备把裁片缝合成服装的工艺，是服装生产的重要工序。常用的缝纫设备有平缝机、包缝机、锁眼机、钉扣机等。

（一）平缝机

1. 平缝机的原理

平缝机是平缝缝纫机的简称，是缝制服装最常用的设备。平缝机可分为家用平缝机和工业平缝机，见图5-5。平缝机是以其线迹特征来命名的，缝纫机的线迹可归纳为锁式和链式两类。平缝机是一种形成锁式线迹的缝纫机，它是由两根缝纫线在面料中交叉锁套形成线迹。从线迹的横截面看，两根缝纫线像两把锁相互锁住一样，因而称为锁式线迹。这种线迹正反面一样，一针一个交叉点，线迹分布密实，见图5-6。

图5-5　工业平缝机

实物图　　　　　　　　　　　　　　　　示意图

图5-6　平缝线迹

平缝机形成线迹是由刺料、挑线、旋梭、送布四大机构完成的。工作原理是由电动机带动传动缝纫机主轴，使四大机构配合运动，形成平缝线迹，高速平缝机机头结构见图5-7所示。针眼就在机针上尖头的后面，针固定在针杆上，针杆由电机通过一系列的齿轮和凸轮，牵引做上下运动。当针的尖端穿过织物时，它在一面向另一面拉出一个小线圈。织物下面的一个装置会抓住这个线圈，然后将其包住另一根线或者同一根线的另一个线圈。针穿过织物拉出一个线圈，在送布牙向前移动织物的同时再次升起，然后将另外一个线圈套入，线圈与从线轴上松开的另一段线连接起来。当针将线套入线圈时，旋转的摆梭用钩针抓住线圈。随着摆梭的旋转，它围绕来自线轴的线拉出线圈，这使得缝合非常结实，见图5-8。

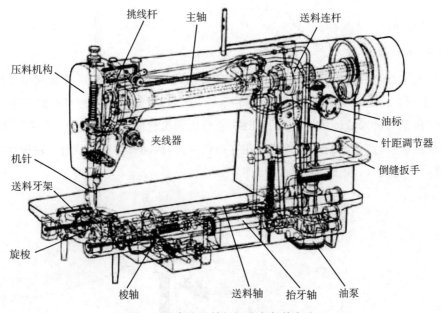

图 5-7　高速平缝机机头各部件名称

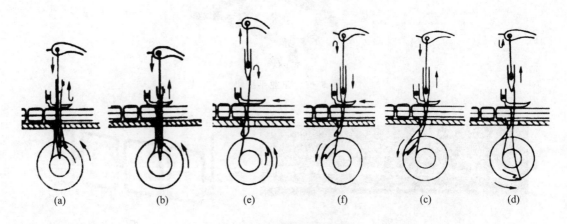

图 5-8　平缝线迹形成过程

2. 平缝机的操作方法

工业用平缝机的机针选择:由于工业用平缝机的种类和型号很多,相应机针的型号也较多。而且每一种型号的机针还有不同规格和类别。在选择机针时,要根据平缝机种类及面料的质地,选择适合的机针。一般面料越厚越硬,机针越粗;面料越薄,机针越细,机针、缝线、面料关系如表 5-1 所示。在购买机针时,通常要提到机针的号数,这就是机针针号规格。针号,用来区别不同的缝纫机机针,表示其针身直径大小。缝纫机机针号数的表示方式有号制、公制、英制三种。号制,也就指所谓的"胜家系统",是基于美国胜家缝纫机有关零部件系统编号发展而得,是常见的机针针号表示方法,其号数越大,针就越粗;公制是以百分之一毫米作为基本单位来度量机针针身直径;英制与公制相似,它是以千分之一英寸作为基本单位来度量机针针身直径。

表 5 - 1　机针、缝线、面料关系

机针	缝线型号	面料
9#	60s/2、60s/3、50s/2、50s/3、	乔其纱、丝织物、薄府绸等非常薄的面料
11#	50s/2、50s/3、40s/2	府绸、汗布、细棉布等薄面料
14#	50s/2、50s/3、40s/2	普通棉织物、毛织物等中厚面料
16#	20s/2、20s/3	大衣呢、人造革等厚面料
22#	20s/2、20s/3	帆布、皮革等非常厚的面料

3. 机针的安装方法

安装机针前,先切断电源。首先转动缝纫机手轮,将针杆①移至最高位置,再旋松螺钉②。然后将机针笔直插入到位,确认机针上的长槽面向左侧,然后拧紧螺钉②,见图 5 - 9。

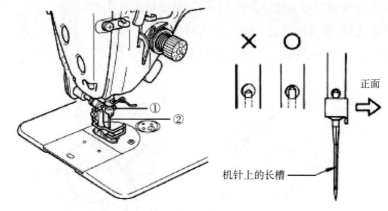

图 5 - 9　机针的安装方法

4. 底线的绕线方法（图 5 - 10）

(1) 打开电源开关。

(2) 将梭芯①置于卷线轴上。

(3) 按箭头所示的方向将线在梭芯①上卷绕几圈。

(4) 将梭芯压臂柄③推到梭芯①。

(5) 将压脚抬起。

(6) 踏下脚踏板,随即开始卷绕底线。

(7) 底线卷绕一旦完成,梭芯压臂柄③将自动返回。

(8) 底线卷绕完后,将梭芯拆下,用切刀④将线剪断。

注意：在卷线过程中,不要触摸任何运动部件或将物件靠在运动部件上。

卷绕在梭芯上的底线量最多应为梭芯容量的 80%,不要卷绕过多的底线。

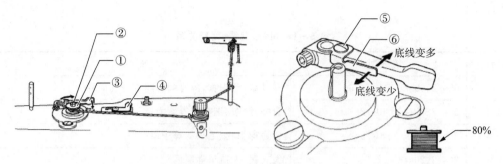

图 5 - 10 底线的绕线方法

4. 梭芯套的安装方法（图 5 - 11）

注意：首先要切断电源。

（1）转动手轮将机针升起到针板的上方。

（2）拿住锁芯使底线的绕线方向向右卷绕，将锁芯插入梭芯套内。

（3）将底线穿过线槽①和夹线弹簧②的下方，然后把线从③中拉出。

（4）当拉出底线后，检查梭芯是否向右方向回转。

（5）用手拿住梭芯套的插销④，将梭芯套插入悬梭。

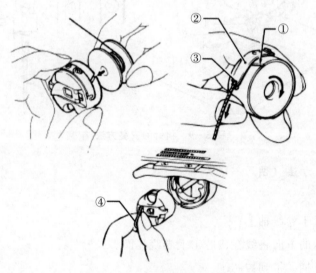

图 5 - 11 梭芯套的安装方法

5. 取出梭芯套（图 5 - 12）

注意：取出梭芯套时，要切断电源。

（1）转动手轮将机针升起到针板的上方。

（2）将梭芯套的插销①拉出，然后取出梭芯套。

（3）松开插销①后，取出锁芯②。

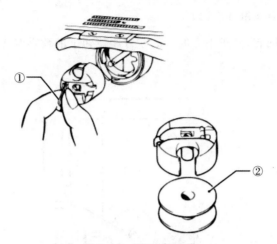

图 5－12　取出梭芯套

6. 面线的穿法（图 5－13）

注意：在穿线过程中，要切断电源。

在穿引面线之前先转动手轮，将挑线杆①置于最高位置。然后按照图示穿引面线，注意面线要拉出至少 3.5～4 cm。

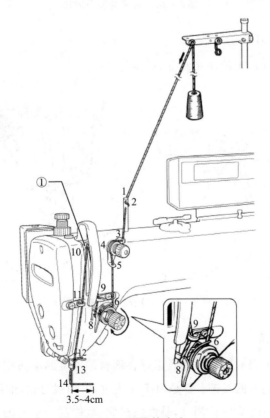

图 5－13　面线的穿法

7. 针距的调节方法（图 5-14）

将针距旋钮①左右回转，使正上方的销②与针距旋钮上的数字对齐即可。数字越大，针距也越长。

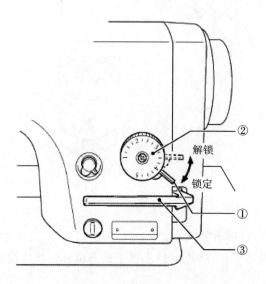

解锁

锁定

图 5-14　针距的调节方法

8. 膝控碰块的使用方法

在按下膝控碰块①时，可抬高压脚②，见图 5-15。

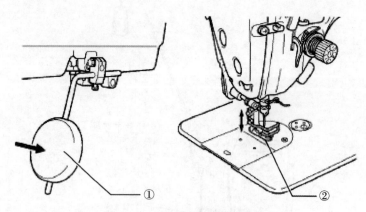

图 5-15　膝控碰块的使用方法

9. 线迹的调节方法

如图 5-16 所示，A 表示面线和底线正好在面料的厚度的中间相互套结，从正面和反面看见的线迹相同，是调整完好的线迹。B 是由于底线过紧，面线过松，面线被底线勾出，线迹缝合牢度不够，易脱散。C 的情况与 B 相反，是面线过紧，底线过松造成的。

A 正确的针脚

B 底线过紧、面线过松的情况

C 面线过紧、底线过松的情况

图 5 - 16　平缝线迹的调整方法

通常先调整底线的紧度,再调整面线的紧度。

(1)底线紧度的调节:用一字螺丝刀旋紧或旋松梭芯套上的螺钉,即可控制底线的紧度。通常将绕好底线的梭芯装入梭芯套,牵出线头,轻轻向下抖一抖,调节到线头从梭芯套中拉出一段距离后就停止、悬住的程度,此时的底线紧度正好,如图 5 - 17 。

(2)面线紧度的调节:将夹线器旋钮左右回转即可。一般顺时针方向是增加压力(旋紧),逆时针方向减小压力(旋松)。

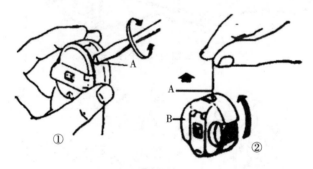

图 5 - 17　底线紧度的调节

(二) 包缝机

包缝机是用于切齐并缝合裁片,包覆裁片边缘,防止裁片边缘脱散的设备。所形成的线迹为立体网状,弹性较好。通常用于包覆机织物裁片的边缘,以及针织服装裁片的缝合。

1. 包缝机的种类

根据直针数量以及组成线迹的线数,常用包缝机分为三线包缝机、四线包缝机、五线包缝机。

（1）三线包缝机：由一根直针和大、小弯针形成三线包缝线迹的缝纫机，通常用于包覆裁片的边缘，防止脱散，如图 5 - 18。

（2）四线包缝机：由两根直针和大、小弯针形成四线包缝线迹的缝纫机。所形成的线迹比较牢固，多用于裁片的缝合，如图 5 - 19。

（3）五线包缝机：有两根直针和三根弯针形成五线包缝线迹的缝纫机，所形成的线迹是由三线包缝线迹和双线链缝线迹构成，能将缝合与包缝两道工序一次完成。多用与衬衫侧缝、牛仔裤侧缝等的缝合，如图 5 - 20。

2. 穿线方法

三线包缝机、四线包缝机、五线包缝机的穿线方法分别见图 5 - 18、图 5 - 19、图 5 - 20。

注意：穿线前先切断电源

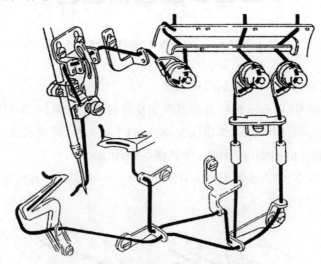

图 5 - 18　三线包缝机的穿线方法

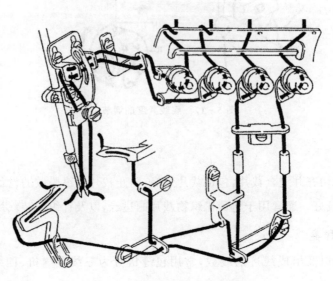

图 5 - 19　四线包缝机的穿线方法

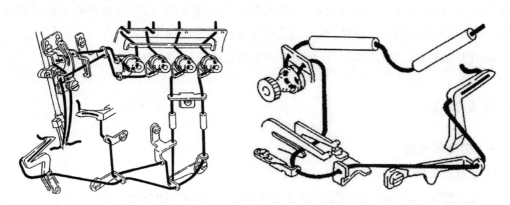

图 5 - 20　五线包缝机的穿线方法

3. 调整线的张力

线的张力必须根据缝合的面料种类、厚度等差异而做不同的调整。顺时针旋转张力控制螺帽,缝线的张力加大,反之减弱。张力控制螺帽与缝线的关系见图 5 - 21。

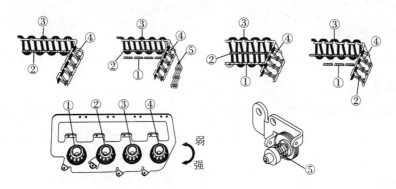

图 5 - 21　张力控制螺帽与缝线的关系

4. 机针的更换方法（图 5 - 22）

(1) 首先切断电源,转动包缝机的上轮,使针杆到最高位置。

(2) 压下压脚扳手①,同时使压脚②向左移动。

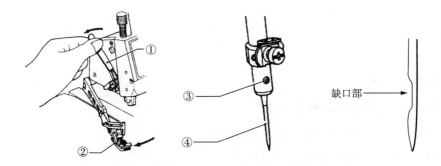

图 5 - 22　机针的更换方法

(3) 松开螺钉③,针④的缺口向后,并使机针的长沟槽面向自己,将针插到至针孔最顶处(使用 DC×27 或其他适合的机针;螺钉③旋松即可,不要卸下来)。

(4) 拧紧螺钉③,压下压脚①,同时使压脚②向右移动,并装好。

三、熨烫设备

(一) 熨烫的作用

(1) 通过熨烫使面料预缩、去掉折皱。

(2) 塑造服装的立体造型,使服装适合人体体形、实现设计的外观造型。

(3) 整理服装,使服装的外观平挺。

熨烫定型的原理:通过热湿结合的方法,使纤维大分子间的作用力减小,分子链段可以自由转动,纤维的变形能力增大,而刚度明显降低。在一定外力的作用下使其变形,使纤维内部的分子链在新的位置上重新得到建立。去除外力并冷却后,纤维及其织物的形状会在新的分子排列状态下稳定下来。

(二) 熨烫工艺参数

熨烫过程中,熨烫的工艺参数:温度、湿度、时间和压力,对熨烫效果有很大的影响。

1. 熨烫温度

温度的作用是使纤维分子链间的结合力减小,织物具有可塑性。因此,熨烫温度主要取决于纤维的种类,一般熨烫温度由高至低为:纤维素纤维＞蛋白质纤维＞合成纤维,也就是说:棉、麻＞羊毛＞丝＞合成纤维。

2. 熨烫压力

对面料加一定的压力,使纤维在外力作用下变形。一般光面或轻薄织物所需压力比厚重织物小。

3. 熨烫湿度

在熨烫过程中,对面料加湿,可以提高面料的可塑性,并有效避免产生极光。

4. 熨烫时间

要保证良好的定型效果,熨烫需要持续一定的时间。

(三) 熨烫的分类

1. 按制衣工艺流程中的作用分类

产前熨烫:在裁剪前对面料进行预缩并去掉折皱。

黏合熨烫:将黏合衬黏烫在裁片上。

中间熨烫:是指在加工过程中各缝纫工序之间进行的熨烫作业,包括部件熨烫、分缝熨烫和归拔熨烫等。

成品熨烫:对缝制完的服装成品做最后的定型和外观处理。

2.按作业方式分类

手工熨烫和机械熨烫。

(四) 熨烫工具和设备

1.蒸汽熨斗

蒸汽熨斗能对面料进行均匀给湿加热,熨烫效果好,工业生产中大多采用蒸汽熨斗。根据蒸汽供给方式,蒸汽熨斗可分为成品蒸汽熨斗和电热蒸汽熨斗。

① 成品蒸汽熨斗:(图5-23)成品蒸汽熨斗使用电热蒸汽发生器产生的蒸汽,将具有一定温度和压力的蒸汽通入熨斗中。熨烫时,面料完全由熨斗喷出的蒸汽加热,所以熨烫温度可以保持相对稳定。一般蒸汽加热温度在120℃左右,蒸汽压力为245Pa。

② 电热蒸汽熨斗:电热蒸汽熨斗利用熨斗加热使通入熨斗内的水加热汽化,汽化的蒸汽由底板的孔喷出,给面料加湿并加热熨烫。常见的有吊挂水斗式电热蒸汽熨斗和自身水箱式电热蒸汽熨斗。吊挂水斗式电热蒸汽熨斗(图5-24)的水桶挂在架子上,连接橡胶管为熨斗供水。自身水箱式电热蒸汽熨斗(图5-25)的水箱与熨斗合体,这种熨斗使用时方便灵活,但水箱容量有限,影响熨烫效率。因此家用电熨斗大多都是自身水箱式。

图5-23 成品蒸汽熨斗

图5-24 吊挂水斗式电热蒸汽熨斗

图5-25 自身水箱式电热蒸汽熨斗

2.电热蒸汽发生器

电热蒸汽发生器(图5-26)是向熨斗提供具有一定压力和温度蒸汽的设备。一般与成品蒸汽熨斗、熨烫台配套使用。

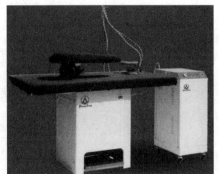
图5-26 熨烫台、电热蒸汽发生器、成品蒸汽熨斗

3.熨烫台

熨烫台(图 5-26)是与熨斗配合使用,共同完成服装熨烫工序的熨烫设备。吸风抽湿熨烫台利用高效离心式风机在熨烫台面上产生负压,将被熨烫的服装吸附于台面上,确保熨烫过程中服装不会移动,熨烫后抽湿冷却,使服装造型稳定。

任务二：裙装的缝制

一、裙装拉链的缝制

(一)装隐形拉链(后中处)

工序名称	装隐形拉链(后中处)	工序步骤	5 步	成品效果图
设备、工具	平缝机、单边压脚、熨斗、烫台			
材料准备	隐形拉链 1 个、左右后裙片(面料)各 1 片			
工序详解	制作图示及说明			
1. 准备	在装隐形拉链之前,将双边压脚更换为单边压脚。准备好比实际开口长 3~4 cm 的隐形拉链			
2. 缉缝裙面料的后中缝	大针距缝合从腰口至拉链开口止点处打来回针,用正常针距缉缝从拉链开口止点到开衩的缝合止点			

续表

3. 做标记	大针距缝合过的地方用熨斗轻轻地劈开。在缉缝线左右各 1 cm 处画上划粉印 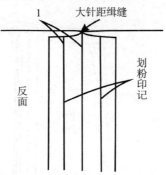 单位:cm
4. 绷缝拉链	沿腰线向下 0.7 cm 处对齐拉链的拉头,将划粉印和拉链底带的两端对齐后绷缝固定。接着在拉链齿的旁边再绷缝一道线 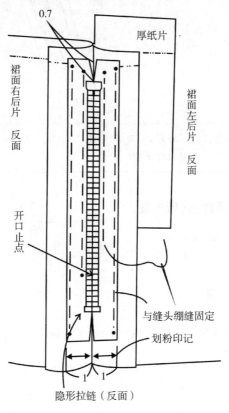 单位:cm

5. 绱缝拉链	拆掉拉链开口处的大针距缝线,拉开拉链,使用单边压脚绱缝至开口止点
	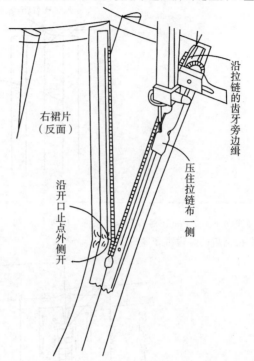
工艺要求	(1)隐形拉链不外露,无裂缝,平服 (2)开口下端封口处平服

（二）装普通闭尾拉链(后中处)

工序名称	装普通闭尾拉链 （后中处）	工序步骤	3 步	成品效果图
设备、工具	平缝机、熨斗、烫台			裙（反面） 裙（正面）
材料准备	普通闭尾拉链 1 个、手缝针 1 根、左右后裙片(面料)各 1 片			
工序详解	制作图示及说明			
1. 准备	使用普通双边压脚,准备好与实际开口长度相符的普通闭尾拉链			

152

续表

2. 绷拉链	将拉链底带与左后裙片开口处缝份先用手缝针绷缝在一起,然后距缝份 0.1 cm 缉明线,如图所示 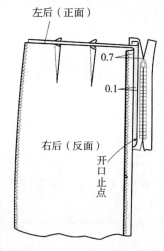 单位:cm
3. 缉缝拉链	在裙片的正面用手针将右后片开口处缝份与拉链底带绷缝在一起,然后缉 1~1.2 cm 明线,并缉封结线三道,三道线需要重合,如图(1)。图(2)为反面效果 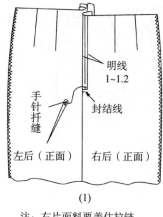 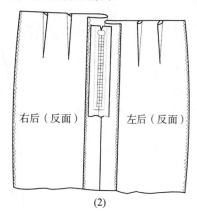 (1) (2) 注: 右片面料要盖住拉链 单位:cm
工艺要求	(1) 开口明线顺直 (2) 拉链平服,不外露,开口下端封口平服

二、裙装开衩的缝制

（一）覆盖式开衩

工序名称	覆盖式开衩	工序步骤	5步
设备、工具	平缝机、熨斗、烫台		
材料准备	左右后裙片（面料）各1片、左右后裙片（里料）各1片、手缝针1根		
工序详解	制作图示及说明		

成品效果图

裙（正面）

覆盖式开衩

里料

1. 缉缝开衩处下摆	缉缝裙面料的左后片开衩处下摆，如图所示

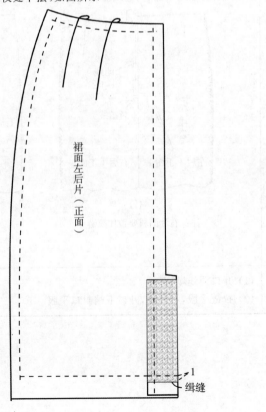

裙面左后片（正面）

1
缉缝

2. 缝合裙面料的左后片和右后片	缝合从拉链开口止点到开衩的缝合止点,在裙面料的左后片开衩处打剪口,如图所示 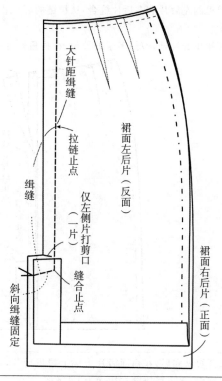
3. 处理下摆	熨烫裙面料下摆处开衩的形状,扣烫下摆,两端留出 7～8 cm 后绷缝固定,如图所示 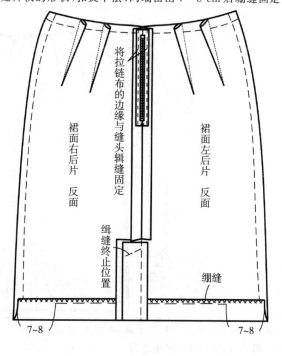 单位:cm

续表

4.缉缝裙里	① 缉缝裙里后片上的省道,倒向侧缝方向 ② 将裙里的左后片和右后片缝合:从拉链的开口止点向下1 cm处到开衩的缝合止点,如图所示 ③ 整理裙里开衩处,剪掉多余的缝份,在拐角处打剪口,并处理下摆 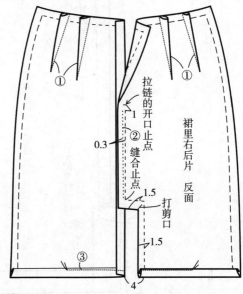<div align="right">单位:cm</div>
5.裙面后片 与裙里后片的 对合	拉链和开衩做完后,在裙面后片上放上裙里后片,在拉链和开衩的周围绷缝固定;在裙开衩周围固定,将裙里缭缝在裙面上,见下图 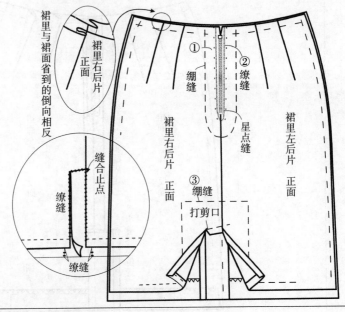<div align="right">单位:cm</div>
工艺要求	(1) 下摆整齐、平整,开衩处平服,不翻翘,底襟不外露 (2) 裙里与群面服帖,松量适当 (3) 缭缝裙里要美观、规范

（二）并缝式开衩

工序名称	并缝式开衩（后中处）	工序步骤	4 步
设备、工具	平缝机、熨斗、烫台		
材料准备	左右后裙片（面料）各 1 片、左右后裙片（里料）各 1 片、手缝针 1 根		
工序详解	制作图示及说明		

成品效果图

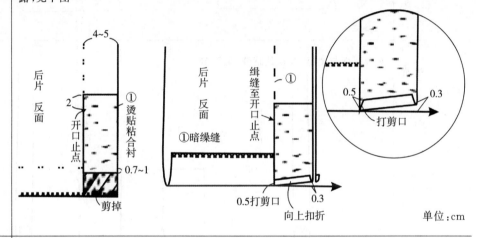

1. 处理开衩处下摆

在裙后片面料开衩的缝份反面黏烫黏合衬，缉缝到开口止点。下摆贴边重叠的部分剪掉，将下摆向上扣烫，暗缲缝份。注意开衩的缝份扣烫时要向上 0.3 cm，防止折叠后缝份外露，见下图

2. 劈烫开衩处缝份

劈烫后裙片面料开衩处缝份，在开衩止点处加固缝合，见下图

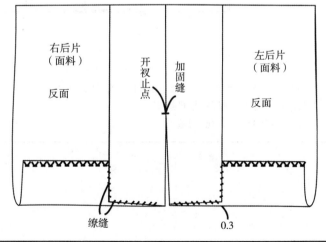

3. 扣烫裙里开衩	将裙里的开衩部分的多余缝份剪掉,在拐角处打剪口,用熨斗扣烫,见下图 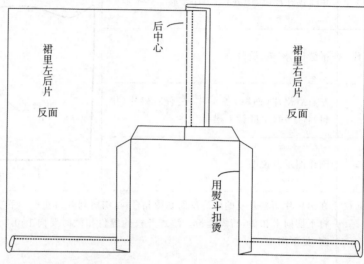
4. 对合裙面与裙里	对合裙面与裙里,开衩处暗缝,见下图 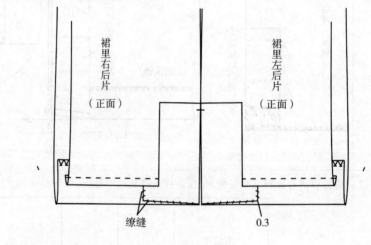 单位:cm
工艺要求	(1)下摆整齐、平整,开衩处平服,不翻翘,底襟不外露 (2)裙里与群面服贴,松量适当 (3)缭缝裙里要美观、规范

三、裙装腰口的缝制

（一）绱腰

工序名称	绱腰	工序步骤	2 步	成品效果图
设备、工具	平缝机、熨斗、烫台			
材料准备	裙身（面料）、裙身（里料）、裙腰 1 片、腰衬 1 片			
工序详解	制作图示及说明			

1. 准备	将腰头里的缝份处包缝；在腰头里的反面黏烫衬，并在腰头衬上做对位记号；用熨斗扣烫腰头面缝份；腰头两端缉缝，在将腰头面翻出扣烫好，见下图

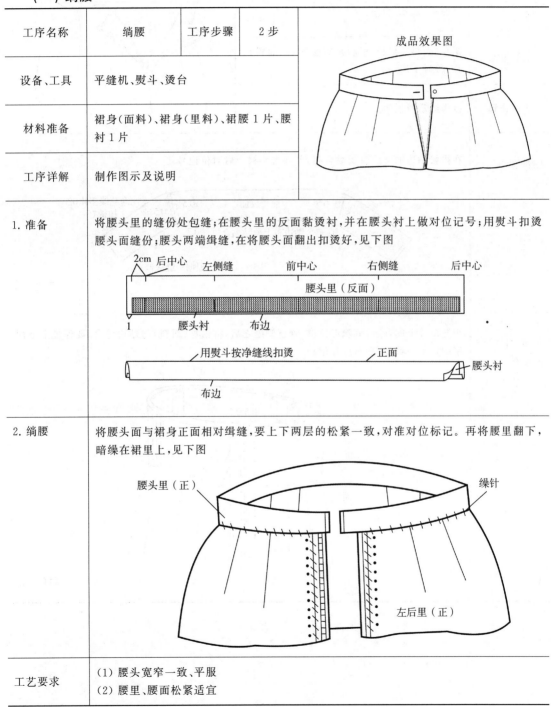

2. 绱腰	将腰头面与裙身正面相对缉缝，要上下两层的松紧一致，对准对位标记。再将腰里翻下，暗缲在裙里上，见下图

工艺要求	（1）腰头宽窄一致、平服 （2）腰里、腰面松紧适宜

（二）连腰

工序名称	连腰	工序步骤	3 步	成品效果图
设备、工具	平缝机、熨斗、烫台			
材料准备	裙身（面料）、裙身（里料）、裙腰贴边（面料）1 片、腰衬 1 片			
工序详解	制作图示及说明			

1. 准备	在裙腰贴边的反面黏烫黏合衬，并在腰头衬上做对位记号

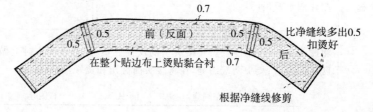

单位：cm

2. 裙身与贴边缝合	缉缝裙片上的省道，绱隐形拉链，缝合侧缝之后，将裙身（面料）与贴边缝合，要保证上下两层的松紧一致，对准对位标记

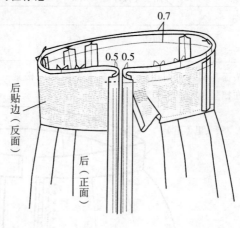

单位：cm

续表

3. 裙里与贴边缝合	裙里正面与贴边正面相对缝合，然后处理拉链处。最后，在腰口缉缝明线 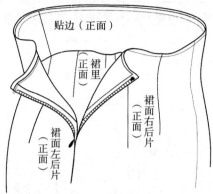
工艺要求	（1）腰贴边松紧适宜、平服 （2）明线顺直美观

四、裙装缝制流程（女西服裙缝制工艺）

款式特点：女西服裙的腰、臀部合体，自臀部开始侧缝自然垂落呈筒状。前后腰部各收四个省道；后中开衩，后中腰部装隐形拉链，如图 5－27。

图 5－27　女西服裙款式图

工艺流程：准备——包缝——缝合裙面和裙里的省道——缝合裙面和裙里的后中缝——绱隐形拉链——做开衩——缝合裙面和裙里的侧缝——绱腰——暗缝底边和开衩——钉挂钩——整烫。

工艺要求：腰头宽窄一致、平服；腰里、腰面松紧适宜；下摆整齐、平整，开衩处平服，不翻翘，底襟不外露；隐形拉链不外露，无裂缝，平服。

女西服裙缝制工艺流程

使用设备、工具	平缝机、三线包缝机、熨斗、烫台、单边压脚
材料准备	前片(面料、里料)各 1 片、后片(面料、里料)各 2 片、腰(面料)1 片、配色线 、黏合衬、挂钩、手缝针 1 根
工序名称	制作图示及说明
1. 样片准备	 单位:cm
2. 缝制准备	(1) 检查裁片:检查面料、里料裁片的数量、正反面和纱向是否正确、裁片的轮廓线和缝份大小是否规范 (2) 包缝裁片:为了防止裁片边缘脱散,要对裁片做包缝处理。除腰口以外裙片(面料)的边缘都要包缝,包缝时裙片正面朝上 (3) 扣烫腰头:首先拼缝腰头,缝份劈开烫平;然后在腰头里反面烫衬,衬的长度和宽度为净腰头尺寸,这样绱腰头时缝份不会过厚。然后将腰头对折烫平 (4) 开衩处反面烫衬
3. 缝合省道	分别缝合面料、里料上的省道:缝合省道时在裙片的反面沿省道中心线对折省道,由省根至省尖缝合,缝合省根部时要打回针,要让省尖自然消失,在省尖处留 3~4 cm 线头,将面线和底线一起打结固定 省道缝份的处理根据布料的厚度有所不同:薄型布料的省道倒向前中或后中,见下图(1);厚型布料如图(2)所示剪开省道、劈缝处理,省尖缝份过窄处难于劈开时,可用锥子处理 <div align="center">图(1) 薄型布料的省道处理</div>

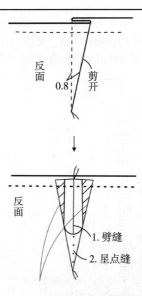

省道缝份大时，修剪开处理
图（2）　厚型布料

缝合省道后，需要对省道进行熨烫。将裙片覆在整烫馒头上，压烫省尖部位，使其符合人体的腹部、臀部形态。裙面料上的省道分别倒向前中和后中。裙里料上的省道倒向侧缝，与裙面料上的省道倒向相反

单位:cm

4.缉拉链	（1）在装隐形拉链之前,将双边压脚更换为单边压脚。准备好比实际开口长 2~3 cm 的隐形拉链 （2）缉缝裙面料的后中缝:大针距缝合从腰口至拉链开口止点处,用正常针距缉缝从拉链开口止点到开衩的缝合止点,如图（1） （3）大针距缝合过的地方用熨斗轻轻地劈开。在缉缝线左右各 1 cm 处画上划粉印,如图（2）

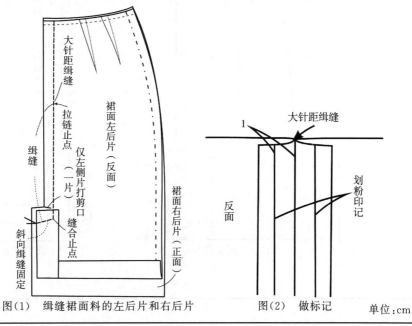

图（1）　缉缝裙面料的左后片和右后片　　　　图（2）　做标记

单位:cm

（4）沿腰线向下 0.7 cm 处对齐拉链的拉头,将划粉印和拉链底带的两端对齐后绷缝固定。接着在拉链齿的旁边再绷缝一道线,如图(3)

（5）拆掉拉链开口处的大针距缝线,拉开拉链,使用单边压脚缉缝至开口止点,见图(4)

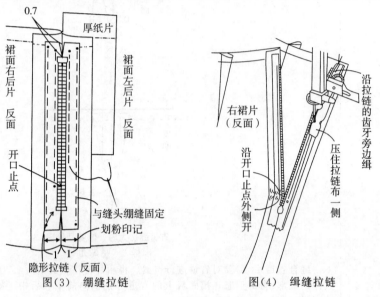

图(3) 绷缝拉链　　　　　　　图(4) 缉缝拉链

单位:cm

5. 做开衩

（1）缉缝裙面料的左后片开衩处下摆,见图(1)

（2）缉缝裙面料的左后片和右后片:从拉链开口止点到开衩的缝合止点,见图(2)

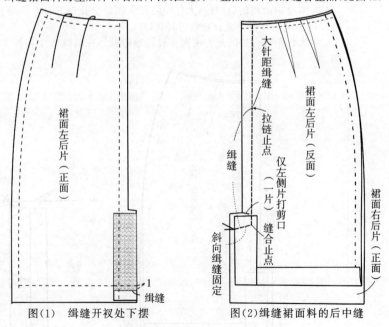

图(1) 缉缝开衩处下摆　　　　　　图(2)缉缝裙面料的后中缝

单位:cm

（3）裙面料下摆处用熨斗整理开衩处的形状，扣烫下摆，两端留出 7～8 cm 后绷缝固定，见图（3）所示

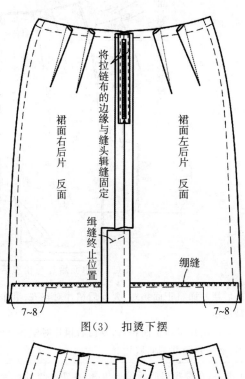

将拉链布的边缘与缝头辑缝固定

裙面右后片　反面

裙面左后片　反面

缉缝终止位置

绷缝

7～8　　　　　7～8

图（3）　扣烫下摆

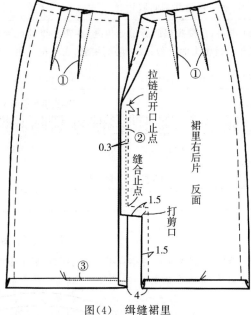

① ①

拉链的开口止点

1

0.3

②

缝合止点

裙里右后片　反面

1.5

打剪口

1.5

③

4

单位：cm

图（4）　缉缝裙里

（4）缉缝裙里后片上的省道，倒向侧缝方向；将裙里的左后片右和右后片缝合；从拉链的开口止点向下 1 cm 处到开衩的缝合止点，如图（4）。整理裙里开衩处，剪掉多余的缝份，在拐角处打剪口，并处理下摆

（5）裙面后片与裙里后片的对合：拉链和开衩做完后，在裙面后片上放上裙里后片，在拉链和开衩的周围绷缝固定；在裙开衩周围固定，将裙里缭缝在裙面上，见图（5）

续表

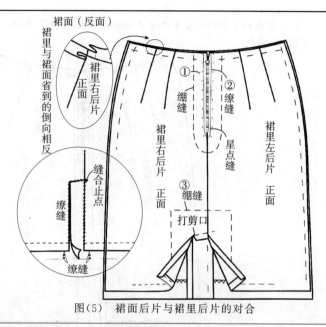

图（5）　裙面后片与裙里后片的对合

6. 缝合侧缝	前后裙片面料正面相对，要前后裙片对整齐，沿净缝线从腰口处缝合至底边，然后用熨斗劈烫缝份 　　将前后裙片里料正面相对，要前后裙片对整齐，沿净缝线从腰口处缝合至底边，不要劈烫缝份，然后包缝并倒向后片
7. 绱腰头	（1）准备：在腰头里的缝份处包缝；在腰头里的反面黏烫衬，并在腰头衬上做对位记号；用熨斗扣烫腰头面缝份；腰头两端缉缝，在将腰头面翻出扣烫好，见图（1） 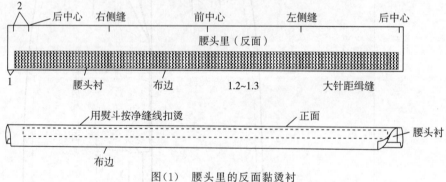 图（1）　腰头里的反面黏烫衬 　　（2）绱腰头：将腰头面与裙身正面相对缉缝，要上下两层的松紧一致，对准对位标记。再将腰里翻下，暗缲在裙里上，见图（2） 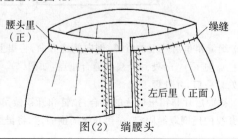 图（2）　绱腰头

单位：cm

8.暗缝底边和开衩	（1）底边缝三角针，从开衩处起针，整个针法自左向右进行呈"v"字形。第一针从贴边内挑起，距边0.6 cm，针从贴边正面穿出。第二、三针向后退，缝在衣片反面紧靠贴边边缘处，挑住1～2根纱线，线迹为0.8 cm。第四、五针再向后退，缝在贴边处，正面距边0.6 cm，第一针与第四针的距离为0.8 cm。第六、七针继续向后退，操作方法同第二、三针。如此反复循环操作即成三角针，见图（1） 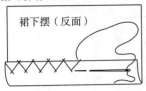 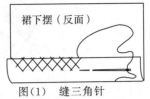 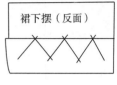 图（1）　缝三角针 （2）拉线攀：第一针从裙子贴边反面向正面扎，线结藏在中间，先缝两行重叠线，针再穿过两行线内形成线圈，左手中指钩住缝线，同时右手轻轻拉缝线，并脱下左手上的线圈，用右手拉，左手放，使线襻成结。如此循环往复至3 cm长度，最后将针穿过摆缝贴边，在贴边里端打止针结，见图（2） 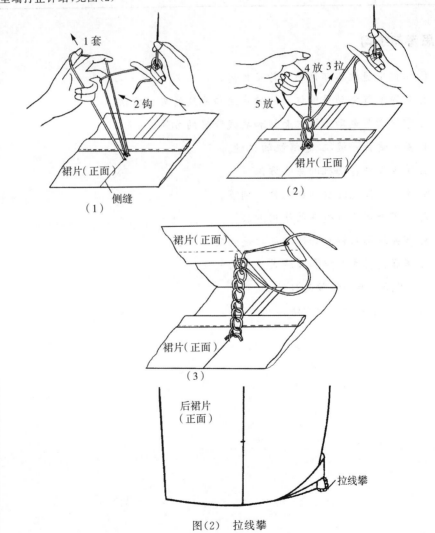 图（2）　拉线攀

9. 钉挂钩	在腰头的搭门内侧缝缀腰钩,缝线不要缝穿腰头正面,保证美观;闭合拉链,对齐腰头,在腰头里襟上确定挂钩的位置,然后钉缝
	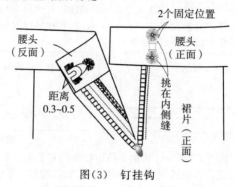 图(3)　钉挂钩
10. 整烫	剪净线头,将裙身覆在烫凳和整烫馒头上熨烫,烫正面时要放上水布,防止出现极光

◎ 思考与练习

1. 掌握平缝机各部件的名称及作用。

2. 熟练掌握电动平缝机面线的穿法与底线的安装方法。

3. 掌握调节电动平缝机面线和底线紧度的方法。

4. 熟练更换平缝机、包缝机的机针。

5. 掌握三线包缝机的穿线方法。

6. 掌握三线包缝机的线迹紧度调节。

7. 掌握吊水蒸汽熨斗的使用方法。

8. 掌握隐形拉链和普通闭尾拉链的安装方法。

9. 掌握覆盖式开衩和并缝式开衩的做法。

10. 掌握连腰和绱腰两种做法。

11. 掌握裙装的缝制方法。

项目五　裤装缝制

◎ **项目内容**

　　任务一:裤装部件缝制;任务二:男西裤缝制工艺。

◎ **教学安排**

　　32 学时。

◎ **教学目的**

　　通过对男女裤装各部位缝制方法的学习与了解,掌握裤装的工艺组合技术与技巧,锻炼动手操作能力,培养学生裤装制作工艺及裤装制作流程的设计能力。

◎ **教学方式**

　　示范式、启发式、案例式、讨论式。

◎ **教学要求**

　　1.在教师示范和指导下,收集各种不同裤装的缝制方法。

　　2.掌握裤装同一部件的不同缝制方法。

　　3.实操过程中,掌握裤装各环节工艺流程与工艺标准。

　　4.在完成男西裤缝制基础上,掌握裤装工位工序排列。

◎ **教学重点**

　　挖袋、门里襟及裤腰的缝制方法。

任务一　裤装部件缝制

　　裤装的缝制方法很多,从工艺手法上可以分为休闲类裤装、礼服类裤装,裤装缝制主要由口袋、门里襟、裤腰三大部件构成。男装与女装缝制方法略有差异,下面将对男女裤装的不同部位的缝制方法进行介绍。

一、裤装门襟的缝制

(一)女西裤门襟制作

部件名称	女西裤门襟	工序步骤	7 步	成品效果图
设备、工具	平缝机、三线包缝机、熨斗、烫台、剪刀			
材料准备	左右前裤片各 1 片,门襟 1 片、里襟 1 片,拉链 1 条、门襟、里襟无纺衬各 1 片			
工序详解	制作图示及说明			

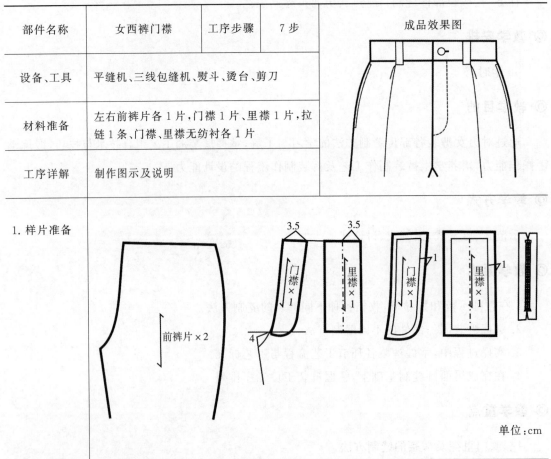

1. 样片准备

单位:cm

2. 做门襟、装门襟	（1）门襟反面烫无纺衬,弧线边锁边 （2）将门襟与左前片正面相合,沿边缉缝 0.7～0.8 cm,剩余 0.2～0.3 cm 为面料厚度和虚边量 （3）将门襟与裤片打开,沿门襟边缘缉 0.1 cm 明止口,不能辑到裤片正面（裤片正面不能看到明线）,然后翻至裤片反面,将裤片吐出 0.2～0.3 cm,熨烫平服 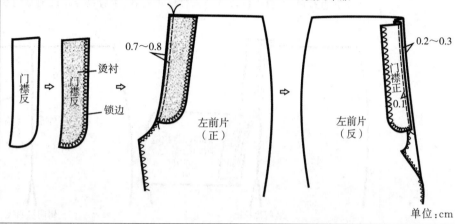 单位:cm
3. 做里襟、固定里襟拉链	（1）里襟反面烫无纺衬,正面朝外对折,按图示锁边或包成光边 （2）将拉链放至距里襟边缘 0.5 cm,以 0.3 cm 宽度线固定在里襟正面 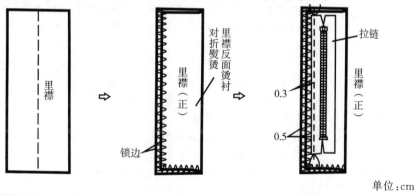 单位:cm
4. 装里襟	右前片前裆缝向反面扣烫 0.7 cm,将固定好拉链的里襟放在折烫好的裆缝下面,盖住里襟拉链的缉线,缉压 0.1 cm 明止口,将里襟及拉链装到右裤片前裆处 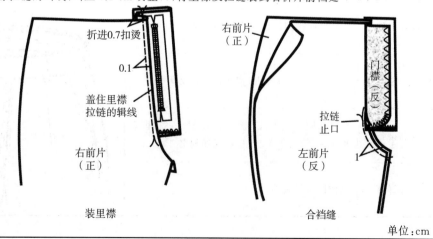 单位:cm

171

5. 缝合档缝	将左右裤片正面相对,档缝对齐,从拉链止点开始缉至档缝下口(在实际的裤子中要以双线缉合至后档缝腰口处),倒回针固定。见上图右:合档缝。
6. 门襟装拉链	(1) 拉合拉链,将左右前裤片门襟处盖合准确,划出拉链在门襟贴边上的位置 (2) 拉开拉链,沿粉印将拉链与门襟贴边缉合,然后拉合拉链翻至门襟正面查看是否平服 右前片（正）　沿粉印将拉链缉到门襟上　左前片（反） 里襟止口明线不外露　2.5~3　套结 装门襟拉链　辑门襟明线 单位:cm
7. 缉门襟明线、封结	在门襟处以 2.5~3 cm 的宽度,从上往下缉明线,将门襟明止口缉圆顺,在拉链止点处缉来回针 3 道明线固定,或用套结机封住,熨烫后完成女西裤门襟的制作。见上图右:缉门襟明线
工艺要求	(1) 里襟明止口的缉线不外露 (2) 门、里襟平服,拉链齿牙平服无涟形 (3) 明缉线顺直,封口平服 (4) 表面无线头、无烫焦、无极光等 (5) 符合成品规格

（二）男西裤门襟制作工艺

部件名称	男西裤门襟	工序步骤	10 道	成品效果图
使用设备、工具	平缝机、三线包缝机、熨斗、烫台、剪刀等			
材料准备	左右裤腿各 1 条,门襟 1 片、里襟 1 片,里襟里 1 片、拉链 1 条、门里襟无纺衬各 1 片			
工序详解	制作图示及说明			

续表

1. 样片准备	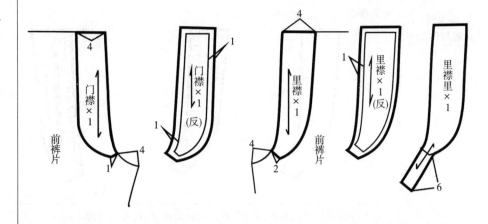
2. 做门襟、装门襟	（1）门襟烫衬、外口锁边或滚边 （2）将门襟内口与左裤片前上裆以 0.7～0.8 cm 缝份，缝合至拉链止口外 1.5 cm 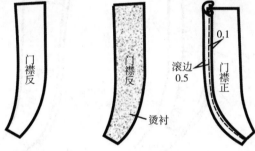 （3）翻至门襟正面，缝份向门襟贴边方向坐倒扣烫，止口偏进 0.3 cm，在门襟贴边压缉 0.1 cm 明止口，翻转、烫平 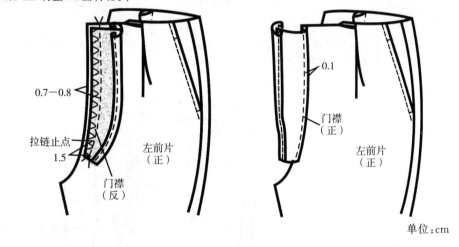 单位：cm

续表

3. 做里襟、装里襟拉链	里襟面反面烫衬,内口锁边,按图示数据将拉链正面朝上缉缝到里襟面内口边上,缉线距里襟内口边 0.5 cm,距拉链边 0.3 cm 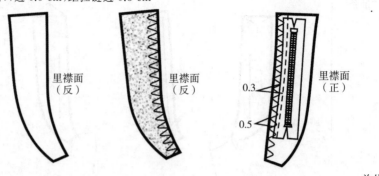 单位:cm
4. 装里襟里子	(1) 按图示将里襟面正面与里襟里子正面相对,沿外口缉缝 1 cm (2) 翻至里襟正面,将里襟面吐出 0.1 cm 熨烫平服 (3) 然后将里襟里子内口反吐 0.1 cm,并将里子下端折进 1 cm 扣烫平服 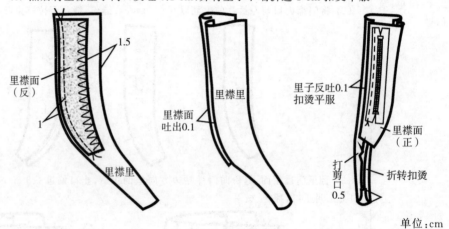 单位:cm
5. 装里襟	将右裤片前上裆处折转 0.7 cm 烫平,盖过装里襟拉链的缉缝线,从腰口向下缉 0.1 cm 的明止口,缉至小裆封口以下 1.5 cm 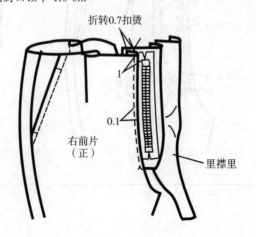 单位:cm

6.缝合前后挡缝	（1）将左右前裤片正面相对，挡缝对齐，从小挡封口位置（拉链下端铁封口以下 0.5 cm，离装门襟线 0.1～0.2 cm）向后挡缝方向沿净缝线缉线，注意：挡缝缉双线加强挡部牢固 （2）缉好后借助铁凳烫分开缝 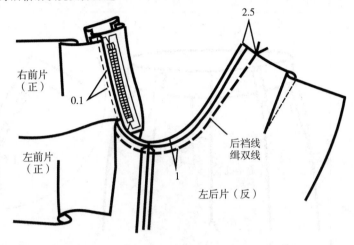 <div align="right">单位：cm</div>
7.装门襟拉链	拉链拉合，门襟止口盖过里襟处的缉线，上口 0.3 cm，下口 0.1 cm，翻到反面，在拉链与门襟贴边的重合处，用划粉画好粉印，拉开拉链，沿着粉印将拉链缉缝到门襟贴边上，**注意：门里襟长短一致** 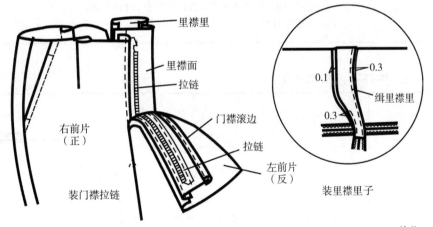 <div align="right">单位：cm</div>
8.装里襟里子	（1）将里襟里子沿折转边缘 0.3 cm 缉压到右裤片挡缝上，从腰口一直缉到后挡部，倒回针固定 （2）将里襟里子外口下端缉压 0.3 cm 到左裤片挡缝上，倒回针固定，见上图

9. 缉门襟明线、打套结	(1) 缉明线：将左前片正面朝上，里襟拉开，从腰头往下缉门襟明线，宽 3.5 cm (2) 封结：用套结机将拉链下 1 cm 门襟止口、里襟下端封结 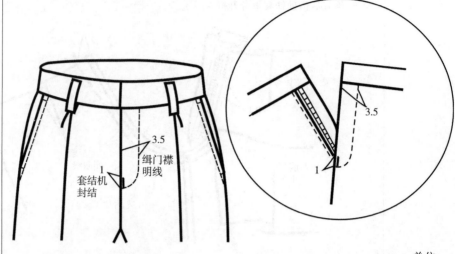 单位:cm
10. 整烫、检验	垫水布烫平整，对照质量要求检验与修整，完成男西裤门襟的制作
工艺要求	(1) 外形美观，外观与款式相同，表面无污染、无线头 (2) 门里襟平服，拉链不外露，明缉线顺直，封口平服 (3) 符合成品规格

（三）牛仔裤门襟制作工艺

部件名称	牛仔裤裤门襟	工序步骤	6 步	成品效果图
使用设备、工具	平缝机、三线包缝机、熨斗、烫台、剪刀			
材料准备	左右前后裤片各 1 片，门襟 1 片、里襟 1 片，拉链 1 条			
工序详解	制作图示及说明			

1. 样片准备（毛缝）	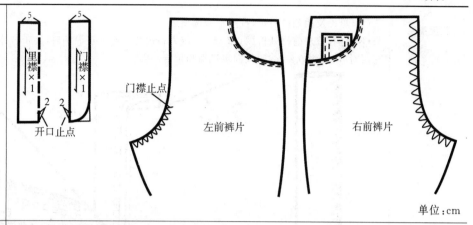 单位:cm
2. 门襟装拉链	（1）门襟弧线边缘锁边 （2）拉链与门襟正面相叠,将拉链双线缝于门襟上(拉链距门襟直边止口 1 cm,双止口 0.1～0.5 cm) 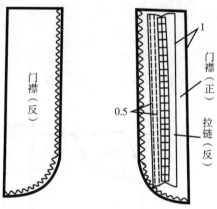 单位:cm
3. 装门襟	将门襟与左前片正面相对,平缝绱合,缝份 0.9 cm,然后将门襟翻转扣烫,止口稍偏进,沿前片门襟止口绱压 0.2 cm 明线,至门襟止点下 1～1.5 cm 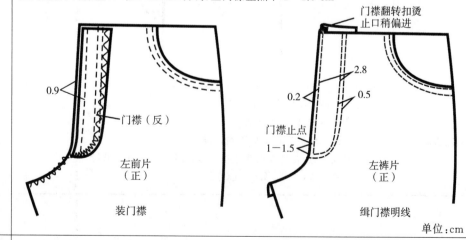 单位:cm
4. 缉门襟明线	按图示在门襟正面缉 2.8 cm 和 0.5 cm 两道明线,或用门襟缉线模板由腰口起缉双明线。见上图:缉门襟明线

5. 装里襟	(1) 里襟反面朝内对折,按图示部位锁边 (2) 将右裤片前裆处折烫 0.2 cm,拉链另一边与右裤片正面相对,夹于裤片和里襟之间,三层对齐,车缉 0.2 cm 明线固定里襟和拉链 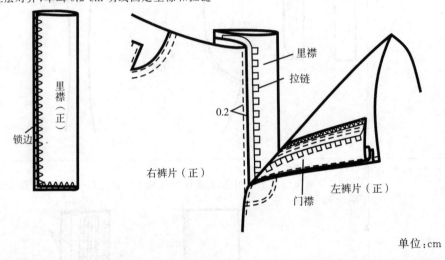 单位:cm
6. 缉合小裆	缝合小裆,将小裆缝份向左裤片烫倒,缝 0.2 cm 和 0.5～0.6 cm 双明线,开口止点处以倒回针固定 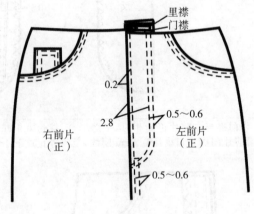 单位:cm
工艺要求	(1) 各部件丝缕符合规定 (2) 整体美观,内外无线头 (3) 拉链与门襟直边距离正确,门襟不反吐 (4) 缉线顺直,裆弯及门襟止口平服,无涟形,封口不吊紧 (5) 整烫平服,无焦、无黄、无极光

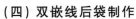

（四）双嵌线后袋制作

部件名称	双嵌线后袋	工序步骤	8 步	成品效果图
使用设备、工具	平缝机、三线包缝机、熨斗、烫台			
材料准备	后裤片 1 片，嵌条 1 片、袋垫布 1 片，口袋布 1 片、无纺衬若干			
工序详解	制作图示及说明			

1. 样片准备

袋位

后裤片（反）

16
垫袋布×2
4
1.7
6
1
43
后口袋布×1
1.7

5
后袋嵌线×1
15

7
后袋嵌线×1
17
1

袋垫布×1
1
6
16

18
（别料）
1
45
后口袋布×1

单位：cm

2. 定袋位、裤片收省	(1) 在裤片反面定出袋位并烫上无纺衬 (2) 后裤片按照省位置收好省,并向后中倒缝熨烫平服 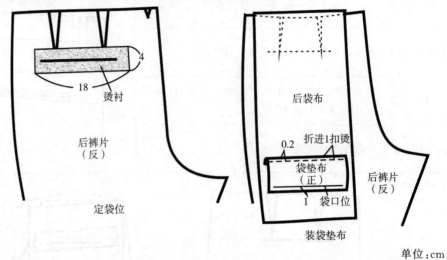 单位:cm
3. 装袋垫布	将袋垫布下口折进 1 cm 扣烫后,按图示(上图右:装袋垫布)位置以 0.2 cm 缝份绲压到袋布上,并将袋布放在裤片下面,腰口对齐
4. 装嵌线	(1) 嵌线按照嵌线板扣烫平整 (2) 嵌线正面与裤片正面相对放至袋口位置,在嵌线上口绲压 0.5 cm 固定 (3) 掀开嵌线上口,将嵌线下口以 0.5 cm 宽度绲压到裤片上 **注意**:嵌条上下口的绲线要与袋口宽度一致 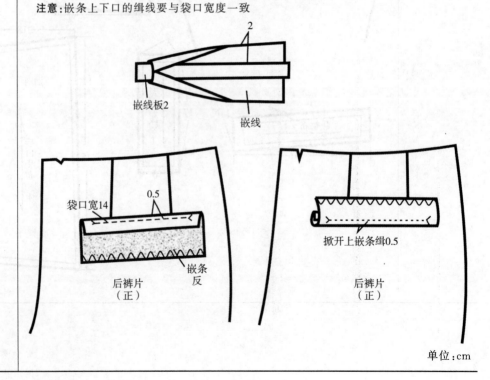 单位:cm

5. 开袋口、封三角	（1）掀开嵌条，在两道缉线中间将袋口剪开，剪至距两端1 cm处开三角（注意：三角刀口离两端缉线要保留1～2根纱线不剪断），然后将嵌线翻至裤片反面，熨烫平服 （2）如图掀开裤片与袋布倒回针封两端三角 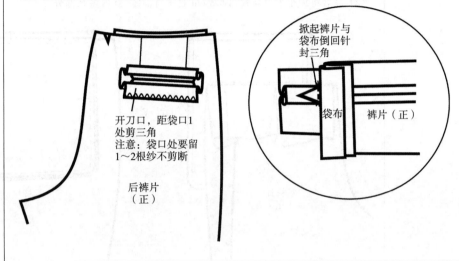
6. 缉下嵌线与袋布	将下嵌线下口沿锁边线缉压在袋布上 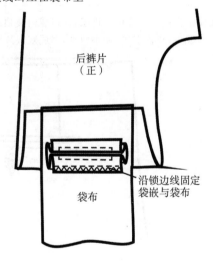

7. 封合口袋、封门字形、固定袋布与腰头	(1) 袋布下口折至腰口,两边缝份扣进烫平,然后从袋布上口往下缉 0.5 cm 封袋布,或袋布毛边缝合后滚边完成 (2) 紧靠袋口从上嵌线缝口用门字形,将袋布、上嵌线、袋垫布缝合在一起 (3) 最后将袋布上口与腰口 0.5 cm 宽平行固定,修剪多余部分 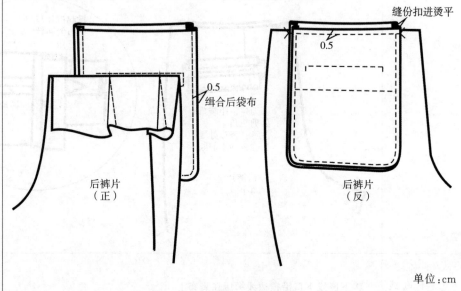 单位:cm
8. 钉扣、锁眼、整烫	(1) 按图示在裤片口袋位下锁眼,在口袋内袋垫对应位置钉扣 (2) 修剪线头,正面盖布,喷水烫平,完成双嵌线后袋的制作 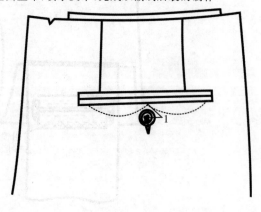 单位:cm
工艺要求	(1) 符合成品规格、外形美观、内外无线头 (2) 袋口平整,后袋四角端正,袋口无毛出 (3) 熨烫平服,无烫焦,无极光

二、裤装开袋的缝制

(一) 单嵌线后袋制作

部件名称	单嵌线后袋	工序步骤	10 步	成品效果图 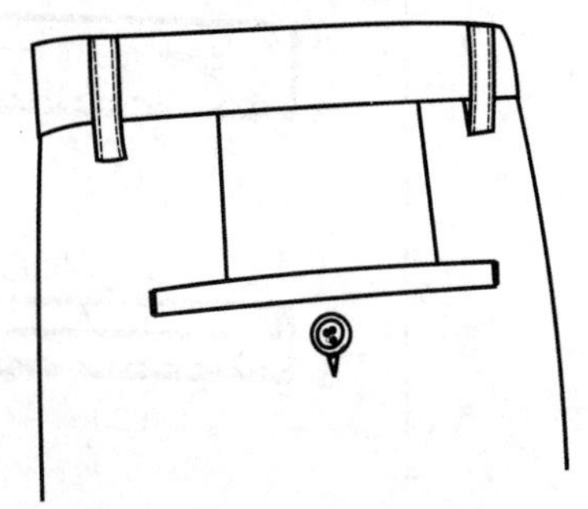
使用设备、工具	平缝机、三线包缝机、熨斗、烫台、剪刀			
材料准备	后裤片 1 片、袋布 2 片,袋垫布 1 片、嵌线 1 片,黏合衬 3 片、包边条若干			
工序详解	制作图示及说明			

1. 样片准备	
	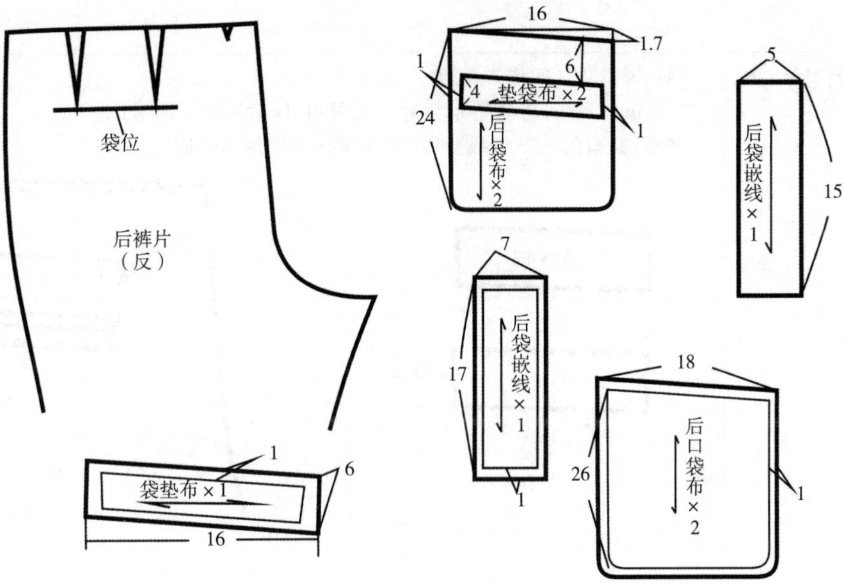 单位:cm

2. 定袋位、烫衬	后裤片收省熨烫后,在正面划出袋口位置,并往下画 1 cm 的横线,袋位反面黏无纺衬 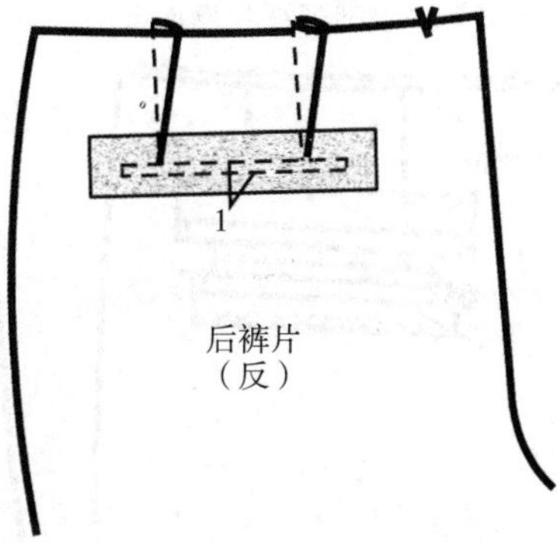

3. 缉嵌线	（1）将 1 片袋布放在裤片下面，腰口斜线对齐 （2）将嵌线反面烫衬，下口锁边，上口向反面扣烫 2 cm （3）将嵌线如图示缉压到裤片袋口下线，缉线宽为单嵌袋口宽 0.8 cm～1 cm，并在嵌线和袋垫布上画出缉线位置 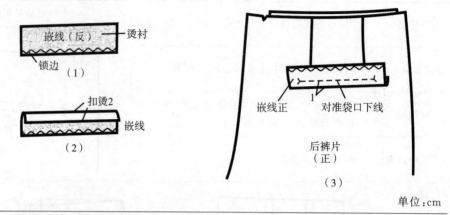 单位：cm
4. 缉袋垫布	（1）袋垫布反面烫无纺衬 （2）拨开嵌线，将袋垫布与裤片正面相对，沿袋口上线缉住 注意：袋口的上下缉线要齐平，在缉线两端倒回针固定 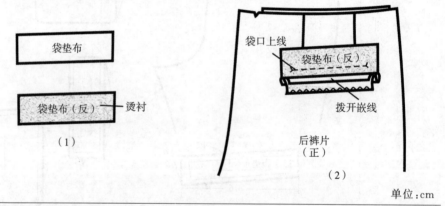 单位：cm
5. 开袋口	（1）裤片正面拨开袋垫布与嵌线，沿袋垫布和嵌线中间剪开，剪至距两端 1 cm 处，剪三角形。 注意：距缝线两端要保留 1～2 根纱线不能剪断 （2）将袋垫布与嵌线翻到裤片反面烫平 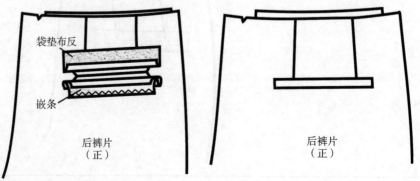

6. 封三角	掀起裤片,倒回针 3～4 道封住嵌线翻过来的三角 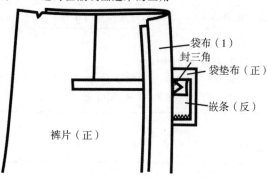
7. 固定嵌线、袋垫布、封门字形	(1) 将嵌线下口沿锁边线绱压到袋布(1)上 (2) 将袋布(2)和袋布(1)上口对齐,袋垫布下口毛边向反面折光并扣烫平整,距光边 0.1 cm 绱压到袋布(2)上面 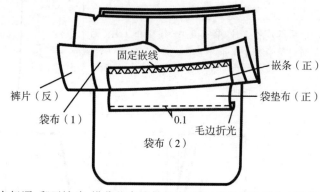 (3) 将袋布抚顺,翻开裤片,沿袋垫布缝份边缘,用门字形固定袋垫布缝份与袋布
8. 封袋布	(1) 方法 1:兜绱袋布:将袋布抚顺,毛边折进,在两侧及底边边缘绱线一周固定。见双嵌线后袋 方法 2:袋布滚边:将上下两层袋布抚顺,两侧及底边兜绱一圈,然后用滚边条滚边完成 (2) 最后将袋布上口与腰口平行固定,修剪多余部分 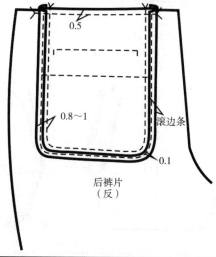

单位:cm

185

9.钉扣锁眼	钉扣、锁眼:同双嵌线后袋
10.整烫检验	裤片正面盖烫布、烫平整,对照质量标准检验其质量,完成单嵌线后袋的制作
工艺要求	(1) 符合成品规格 (2) 外形美观,内外无线头 (3) 后袋袋口平服,后袋四角放正,袋口无裥、无毛出 (4) 整烫符合质量要求,烫煞,无极光

(二) 直插袋制作

部件名称	直插袋	工序步骤	5 步	成品效果图
使用设备、工具	平缝机、三线包缝机、熨斗、烫台			
材料准备	前后裤片各 1 片、袋布 1 片、垫袋布 1 片、无纺衬及牵条个 1 条			
工序详解	制作图示及说明			

1. 样片准备 (毛缝)	
	单位:cm

2. 做直袋	(1) 按图示将袋垫布正面朝上,距袋口 1 cm 处放在袋布上,然后沿锁边线绷合袋垫布与袋布 (2) 将袋布反面相合,沿中线对折,并以 0.3 cm 缝份绷合袋布下口,绷至袋口下端 1.5 cm 处倒回针固定
	单位:cm

186

3. 缝合侧缝	以左裤片为例,将前后裤片正面相对,以 1 cm 缝份绲缝外侧缝,缝绲至袋口止点处倒回针固定,然后分烫缝份和直袋口 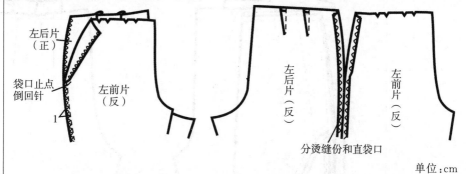 单位:cm
4. 装直袋	(1) 搭绲袋布:将没有袋垫布的袋布一边与前片侧缝袋口净线放齐,沿袋口锁边线绲合 (2) 绲袋口明线:袋口翻至正面烫平,沿袋口绲 0.7 cm 明线至袋口止点 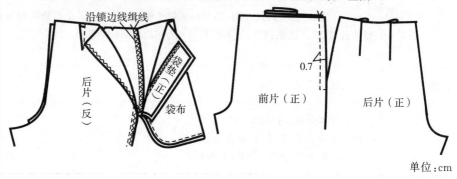 单位:cm
4. 装直袋	(3) 缝合袋垫布与后裤片:拉开袋布,将袋垫布与后裤片对齐放平,按预留缝份绲住,然后将缝份分开烫平 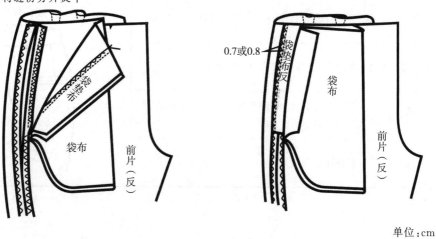 单位:cm

（4）缉大袋布：将袋布边对齐后侧片缝份，多余部分折光烫平，覆盖在袋垫布与后裤片的分开缝上，沿边缉 0.1～0.3 cm 明止口。沿袋口下端一周缉 0.7 cm 明线

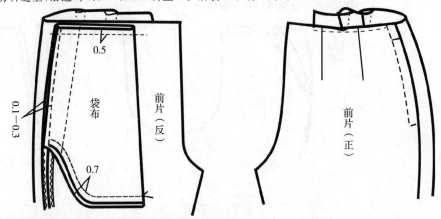

（5）固定袋布与腰头：将右前片褶裥烫好，沿腰口边 0.5 cm 将腰口、褶裥与袋布一起固定。见上图左

（6）封袋口：翻至裤片正面，将袋口熨烫平整，在袋口上下止点处以倒回针封口（也可用套结机封结）。**注意**：封口线不能超出 0.7 cm 止口线和侧缝

单位：cm

5. 熨烫	熨烫完成直插袋的制作
工艺要求	（1）整体美观、内外无线头 （2）袋口平整、无毛出、符合成品规格 （3）整烫平服、无焦、无黄、无极光

（三）斜插袋制作

部件名称	斜插袋制作	工序步骤	9 步	成品效果图
使用设备、工具	平缝机、三线包缝机、熨斗、烫台			
材料准备	前后裤片各 1 片、袋垫布 1 片、袋布 1 片、无纺衬 2 片、牵条 1 根			
工序详解	制作图示及说明			

1. 样片准备 （毛缝）	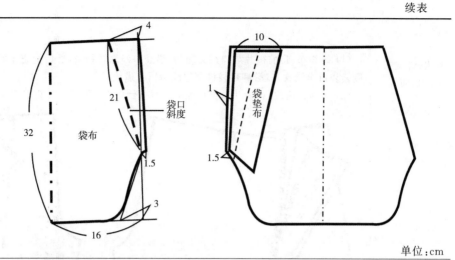 单位：cm
2. 缉缝袋垫 布	以右袋为例： （1）袋垫布反面烫衬，按图示锁边 （2）将袋垫布放至距袋布直口边 0.7 cm～1 cm 处，沿锁边线将袋垫布缉到袋布上，缉至袋垫布下口 1/2 处倒回针固定；袋口另一侧粘嵌条，防止毛边被拉开 **注意**：袋布比袋垫布多出 0.7～1 cm，袋垫布缝好后要和口袋开口方向相同，不能弄反 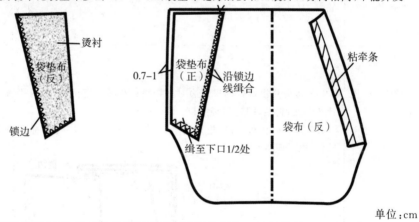 单位：cm
3. 兜缉袋布	袋布反面朝外，沿下口缉压 0.3 cm 封口，距离袋口 2 cm 处不缝，然后翻转到袋布正面熨平整 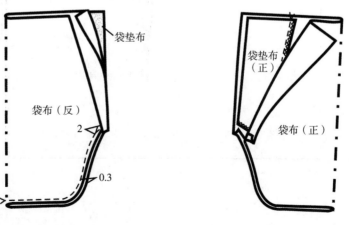 单位：cm

189

4. 搭缉袋布、缉袋口明线	（1）缉袋布：将前裤片袋口烫无纺衬，沿袋口线翻转扣烫，然后把袋布的斜口边与前裤片侧缝袋口净线放齐，沿裤片袋口锁边线缉压一道线 （2）缉袋口明线：将裤片沿袋口侧缝净线折倒烫平，缉 0.7 cm 袋口明线 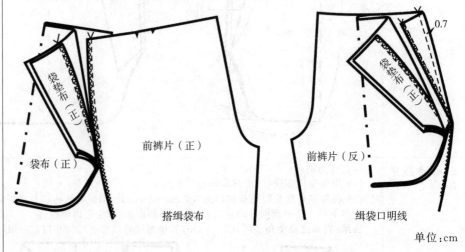 单位:cm
5. 固定斜袋对位	（1）将裤片腰口处的口袋边对准袋垫布在腰口定位点，腰口平齐，在裤片袋位起点倒回针 3～4 道封结，固定斜袋上口 （2）掀起后袋布，将袋垫布铺平，其侧缝下边与裤片侧缝对齐叠合，沿侧缝搭缉 0.5 cm 缝份，然后熨烫平整 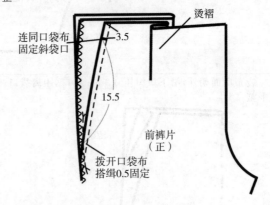 单位:cm

6. 缉袋垫布与后片、合侧缝	掀开袋布,将前后裤片沿侧缝缝合在一起,然后烫分开缝。注意:在袋口处缝合的是袋垫布,不能将袋布一起缝 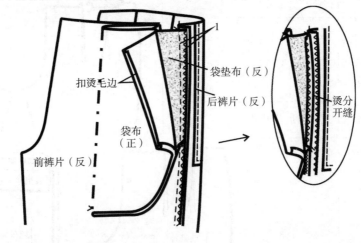 单位:cm
7. 缉合袋布	(1) 将袋布侧口放平整,袋口毛边折进烫平(见上图左),与后裤片缉 0.1 cm 缝份固定 (2) 以 0.7 cm 宽缉袋布下口,一直缉到侧缝处 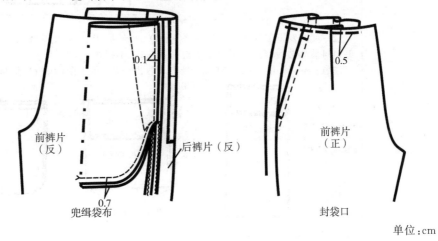 单位:cm
8. 封袋口	翻到裤子正面,用熨斗烫平服,袋口下端倒回针封住(或打套结),最后将袋布与折好裤腰头按 0.5 cm 缝份缝合在一起,并修剪多余袋布 见上图右:封袋口
9. 整烫、检验	整烫、检验,完成斜插袋的缝制
工艺要求	同直插袋

（四）表袋制作

部件名称	表袋	工序步骤	5 步	成品效果图
使用设备、工具	平缝机、三线包缝机、熨斗、烫台			
材料准备	前裤片 1 片、表袋布 1 片、袋垫布 1 片			
工序详解	制作图示及说明			

前裤片（正）　　　前裤片（反）

1. 样片准备（毛缝）	

前裤片（正）

袋口大+4
袋垫布×1
5
30
袋布×1

单位：cm

2. 做表袋	（1）袋垫布下口锁边，沿锁边线缉压在袋布上 （2）对折表袋布有袋垫布一头略放长 0.3 cm，兜缉三边，上口离开 1.2 cm 不缉线，三边毛边可装好袋后拷边。亦可来去缝兜缉三边，不拷边 **注意**：第一道缉线不缉袋垫布，袋垫布两边修窄，第二道缉线缉袋垫布

袋垫布（正）
锁边

袋垫布（正）
沿锁边线
缉压到袋布
袋布（反）

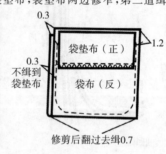

0.3
袋垫布（正）
1.2
0.3
不缉到
袋垫布
袋布（反）
修剪后翻过去缉0.7

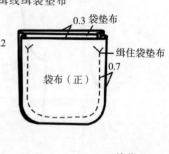

0.3 袋垫布
缉住袋垫布
0.7
袋布（正）

单位：cm

3. 装表袋	（1）在裤片正面确定好袋位，将表袋无袋垫布的一侧按图示与裤片以 0.7 cm 缝份缉合 （2）在缝线两端，将裤片剪刀眼，然后将袋布翻至裤片反面，按图示在裤片正面缉 0.1 cm 的止口（注意：刀眼离缝线要保留 1～2 根纱的距离）

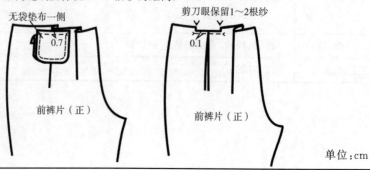

无袋垫布一侧
0.7
前裤片（正）

剪刀眼保留1～2根纱
0.1
前裤片（正）

单位：cm

4. 固定袋垫布与底袋布	把袋垫布和底袋布放平,与裤片腰口缉线固定,袋口平服,完成表袋制作
	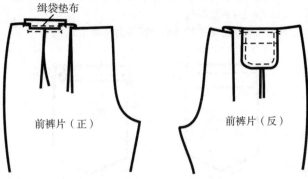 前裤片(正)　　　　前裤片(反)
5. 整烫、检验	剪尽线头,正面烫平,对照质量要求检验质量
工艺要求	(1) 符合规格要求,缉线顺直 (2) 袋止口离腰口高低一致,袋角圆顺、无线头、无毛出 (3) 整烫平服、无烫黄、无极光等

(五)月牙袋制作

部件名称	月牙袋	工序步骤	6 步	成品效果图
使用设备、工具	平缝机、三线包缝机、熨斗、烫台			
材料准备	前裤片或模拟前裤片 1 片,袋垫布 1 片、硬币袋布 1 片、袋布 2 片			
工序详解	制作图示及说明			
1. 样片准备				

单位:cm

续表

2. 扣烫硬币袋布	(1) 袋口依次折转 1 cm 和 1.5 cm 向反面扣烫平整,扣烫后从硬币袋正面袋口处缉 0.2 cm 和 0.6 cm 两道明线 (2) 其余四边毛边按硬币袋模板向反面扣烫平整 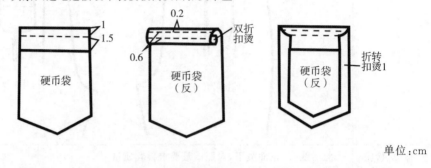 <div align="right">单位:cm</div>
3. 辑袋垫布、硬币袋	(1) 在袋垫布下口锁边,沿锁边线缉压到袋布 B 上 (2) 在袋垫布上画出袋位,按图示将硬币袋缉在袋垫布画好的袋位上,缉 0.2 cm 和 0.6 cm 宽的双明线 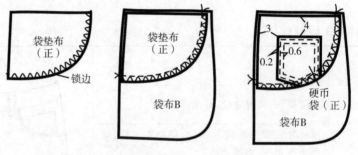 <div align="right">单位:cm</div>
4. 缉合袋布 A	(1) 裤片正面袋口处与口袋布 A 里面相对,沿净缝线缉合,然后将袋布翻至裤片反面熨烫平服,使袋布坐进 0.1 cm (2) 在裤片正面月牙处缉 0.2 cm 和 0.6 cm 两道双明线,注意袋布不能反吐 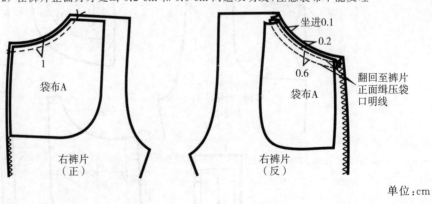 <div align="right">单位:cm</div>

5. 缉合袋布 B	（1）将袋布 B 与袋布 A 下口对齐，缝份朝内里扣烫，沿外口 0.3 cm 缉线 （2）固定袋布侧边，将袋口位的裤片与袋垫布对齐，以 0.5 cm 缝份缉合腰口的裤片与袋布，并以 0.5 cm 缝份缉合侧缝的裤片与袋布
	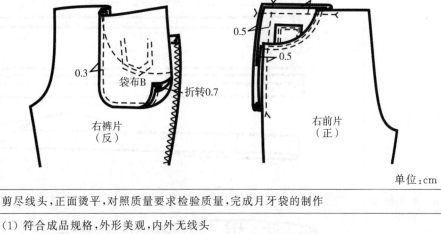 单位：cm
6. 整烫、检验	剪尽线头，正面烫平，对照质量要求检验质量，完成月牙袋的制作
工艺要求	（1）符合成品规格，外形美观，内外无线头 （2）月牙袋和内贴袋位置正确，左右对称 （3）缉线顺直，整烫平服，无烫黄、烫焦、无极光

三、裤装腰头的缝制

（一）女裤装腰头的缝制

部件名称	女西裤腰头	工序步骤	5 步	成品效果图
使用设备、工具	平缝机、熨斗、烫台			
材料准备	腰头 1 片、腰衬 1 片、未绱腰的女西裤 1 条			
工序详解	制作图示及说明			
1. 样片准备	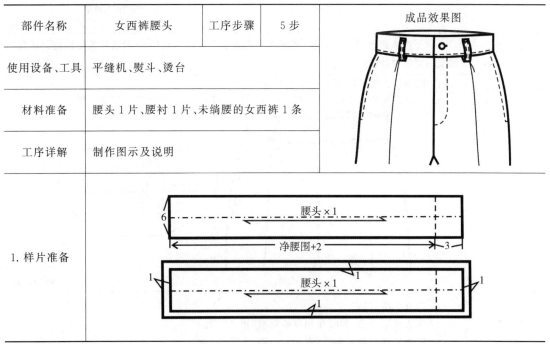			

2. 烫衬、折烫缝份	(1) 将腰头反面烫衬,再将腰头里的缝份折烫 (2) 先剪两头三角,距离缝线 0.3 cm 不剪掉,然后将缝份修剪成梯形,再将腰头翻至正面,缝份倒向腰头熨烫平服 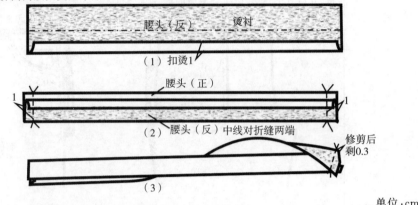 单位:cm
3. 缉缝腰面与裤片腰头	将腰头面子正面与女裤正面相对,沿净缝将腰面缉缝到裤子上 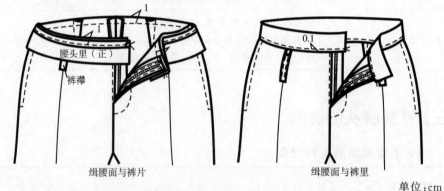 单位:cm
4. 缉腰里	翻至腰头面子,按上图(右)所示在腰头面子下口缉压 0.1 cm 明线将腰里固定。注意:腰头的宽度要保持一致
5. 固定串带襻、锁眼、钉扣	(1) 按图示将串带襻固定在腰头上口 (2) 在门襟处腰头上面钉扣,里襟腰头对应位置锁眼,然后将腰头熨烫平服 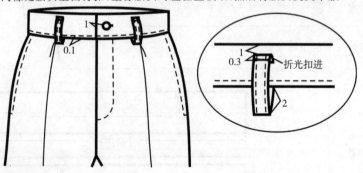 单位:cm
工艺要求	(1) 符合成品规格 (2) 腰头宽窄一致,扣眼和扣位要对准,扣子牢固 (3) 整体外观与款式相同,表面无污染,无线头

（二）男西裤腰头缝制

部件名称	男西裤腰头	工序步骤	7 步	成品效果图
使用设备、工具	平缝机、熨斗、烫台			
材料准备	腰头面 1 片、腰头里 1 片、专用男西裤腰衬 1 片、绱好串带襻的男西裤 1 条			
工序详解	制作图示及说明			

成品效果图

1. 样片准备	
	腰面×1 3.5
	净腰围+2（松量）
	5 1.3 1 腰面×1 4
	门襟一侧 里襟一侧
	腰里（正）
	净腰围+2（松量）-2（门襟处缩进）
	单位：cm

2. 腰面烫衬	按图示将男西裤专用腰衬烫牢于腰面的反面
	1.3 腰衬
	1 1
	1 腰面（反）
	单位：cm

3. 搭缉腰面与腰里	（1）按图示将腰里反面边缘搭腰面正面上口 0.7 cm，缉压 0.1 cm 明线，将腰里固定在腰面上
	（2）沿腰面净缝折烫，使腰面吐出 0.3～0.5 cm，熨烫平整
	腰面（正） 0.1 0.5～0.7
	6 1
	腰里（正）
	里襟一层 搭缉腰里 门襟一侧
	0.3～0.5
	腰里（正）
	腰面（反）
	里襟一侧 折烫腰面上口 门襟一侧
	单位：cm

4.装腰面、做里襟处腰头	（1）将腰面正面对裤片正面，腰头对齐，里襟处腰头留出 1 cm 缝份，沿净缝线将腰面与裤片缉合，辑至门襟处，将门襟打开，与腰头面一起缉合，腰面外口留出 1.5 cm 缝份 （2）将腰面与腰里沿折烫线正面相对，在里襟处缉合腰面与腰里的净缝，修剪缝份后翻至腰头正面 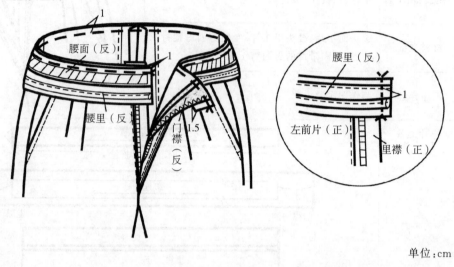 单位：cm
5.做门襟处腰头	（1）将门襟处腰里与腰面打开，腰头连同门襟外口线翻至裤片正面，腰面 1.5 cm 毛边折转扣烫，使扣烫后的腰头边缘和门襟内口线对齐 （2）按图示以距离腰面上口翻折线 0.2 cm 的宽度将腰头折转部分与腰头缉合 （3）修剪腰头缝份，然后翻正烫平 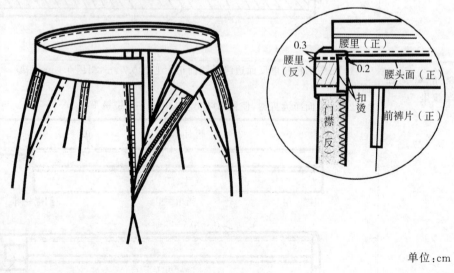 单位：cm

续表

6. 装裤钩（四件组合）、缉合腰里	（1）装裤钩（四件组合）：掀开腰里，装裤钩，门襟处的位置为距门襟外口 0.8 cm，上下居中；将拉链拉合，划出在里襟腰头处位置，将四件套安装牢固。按图示将门襟腰头与腰里上封 0.1 cm 明线固定 （2）缉合腰里：翻至裤片正面，并掀开腰里外层，沿腰头和裤片腰口的缝份缉线，将腰里内层与裤片缉合 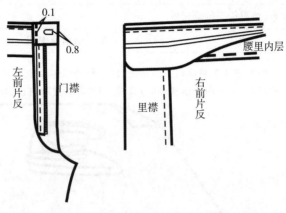 单位：cm
7. 固定串带襻上口	按图示固定串带襻上口，熨烫检验，完成男西裤腰头的制作 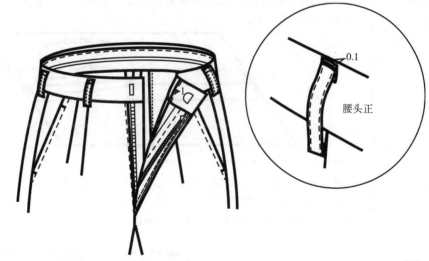 单位：cm
工艺要求	（1）符合成品规格 （2）腰头宽窄一致，四件套对位准确 （3）整体外观与款式相同，表面无污染，无线头

四、熨烫方法

工艺方法	熨烫	熨烫方法	7 种
使用设备、工具	熨斗、烫台		
材料准备	水布、被熨烫部位或材料		
工序名称	制作图示及说明		

工序名称	制作图示及说明
1. 平烫	将衣物或布料反面平铺在烫台上,熨斗依据要求水平熨烫,在熨烫的过程中,熨斗要轻抬轻放,不宜用力推移,以防衣料变形;若熨烫衣料正面时则要盖水布熨烫 
2. 分缝烫（劈缝烫）	缝好的分缝按需要将缝份劈开熨烫,一般是一手劈缝,一手拿熨斗,并把熨斗前尖对准缝中,边分烫边压实定型 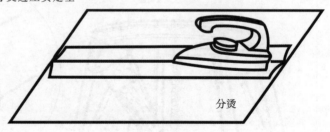
3. 扣烫	将面料折边或翻折处按要求扣压烫定型的熨烫方法。扣烫运用的比较广泛,如衣服下摆、袖口、裤脚口、贴袋、领子等。操作时一般是一手扣折,一手烫压。根据被扣烫衣料的形状又可分为直线扣烫、弧形扣烫、圆角扣烫等 

4. 压烫	压烫是用熨斗加力压实的烫法,主要用于较厚服装的止口、领角等部位,需要用力压实、压薄。在压烫或平烫起绒衣物时,要把衣物的正面放在毡毯烫垫或同种起绒面料的垫布上,从反面熨烫 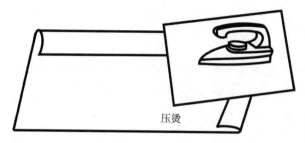 压烫
5. 归烫	归烫也称归拢,是通过收拢使面料产生热塑变形的熨烫方法。把衣片需要归拢的部位推进,先外后内,用力将熨斗向归拢的方向熨烫,从而形成外凹里凸的对比和弧面变形。常见归烫的部位有前胸袖窿、臀部的侧缝、男西服后肩线、背部等 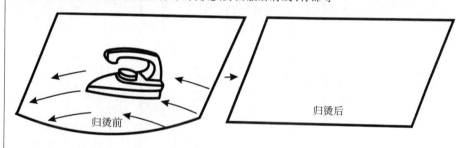 归烫前　　归烫后
6. 拔烫	拔烫也称拔开,与归烫相反,是把衣物的部位伸烫拔开。拔烫时在右手推动熨斗的同时,左手辅助将布料直丝缕的经纬间隙用力拔开熨烫。从而把内弧衣片边线烫成直线或外弧线。常见拔烫部位有西服前肩线、腰部、裤子内裆缝等部位  拔烫前　　拔烫后
7. 推烫	推烫是辅助和配合归拔实现变形目的过渡性烫法,如归拔袖窿外边时,需随即逐步向胸点推移。推烫的操作是随同归或拔的相应配合动作

任务二　裤装缝制流程

一、款式特点

常规男西裤一般款式多为锥形,绱腰头,6只裤襻带,前中门里襟装拉链。前片左右各一只反褶裥,侧缝斜插袋;左前腰头有 3.5～4 cm 探头,后裤片左右各收两只省,左右各两只嵌线开袋,内挂半衬里,里襟里有过桥。

二、款式造型

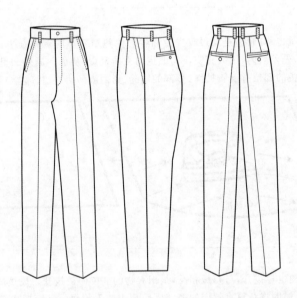

三、工艺流程

材料准备——清点裁片——打线钉——归拔——绷缝前裤绸、前裤片锁边——做斜插袋——后裤片锁边、后裆缝滚边——后腰收省——做后袋——缉缝外侧缝——绱拉链——做串带襻、绱串带襻——腰面烫腰衬——做腰头、装腰头——缉合内裆缝——合缉下裆缝——门襟装拉链——做门襟腰头——装门襟裤钩、缉门襟明线——装里襟裤钩、缉里襟里子——缝合腰里——固定串带襻上端——锁扣眼、钉扣子——缲裤脚边——整烫

四、工艺要求

面料纱向准确,无明显色差,裤子外形美观,内外无线头;门里襟缉线顺直,长短一致,封口处无起吊。做、装腰头顺直,串带襻整齐、无歪斜,左右对称。侧袋和后袋袋口平服,后袋四角方正,袋角无裥、无毛出。整烫符合人体要求,烫煞无极光。

五、缝制方法

产品名称	男西裤精做工艺	工序步骤	25 步
使用设备、工具	平缝机、三线包缝机、熨斗、烫台、剪刀		
工序名称		制作图示及说明	
1.清点裁片	需仔细检查裁片和部件是否配齐,不能有遗漏。 右侧腰头 左侧腰头 右腰里×1 (成品腰里) 左腰里×1 (成品腰里) W/2+14.5 W/2+10 W/2 打剪口 侧袋垫布×2 打剪口 前裤片×2 后袋嵌线×2 后裤片×2 裤夹里×2 (别料) 里襟里×1 (别料) 袋布×2 (别料) 后口袋布×2 (别料) 箭袢带×6 门襟×1 (反) 里襟×1 (反) 带垫布×2片 滚边条 长约300cm,宽约2cm 单位:cm		

2. 打线钉	以白棉纱线在裤片上做出定位标记,打线钉的位置如下。 前裤片:裆位线、袋位线、中裆线、脚口线、烫迹线 后裤片:省位线、袋位线、中裆线、脚口线、烫迹线、后裆线 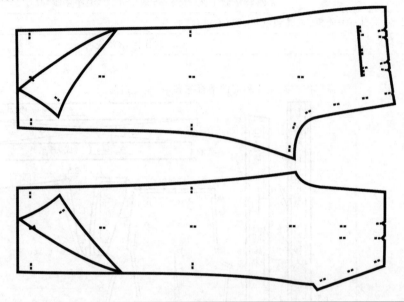
3. 裤片归拔	归拔前片:将两前裤片正面相对放齐铺平 　(1)以烫迹线为界,分别归拔内裆缝和外侧缝。在侧缝处将裤片袋位凸出的部分向内略归,再将中裆部位向外略拔出;在内裆缝处,先将前裆中心线凸出来的部位向内略归拢,再将下裆线中裆部位略向外拔出 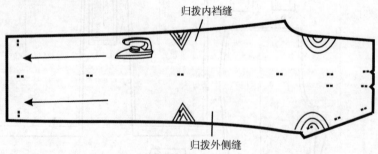 　(2)翻至裤片正面,将归拔后的前片以烫迹线线丁标记为界,在侧缝和下裆缝处对折放齐,适当归拢烫迹线的膝盖部,使烫迹线保持挺直 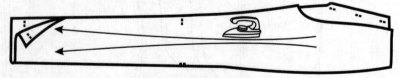 裤片脚口对折烫裤腿和烫迹线 　归拔后片:使裤片的臀部圆顺凸出,造型美观 　(1)烫内裆缝:从后省缝上口开始,经臀部从窿门处出来,臀部后缝处归拢,后窿门横丝拔烫形成臀形。紧接着从烫迹线靠裆脚处,向中裆推移,用力拔烫,使下裆成直线,中裆处向烫迹线处归拔,并在横裆线下10 cm处将横丝缕拉开

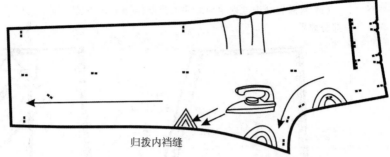

归拔内裆缝

（2）烫侧缝：从前省缝腰口处开始，在臀部凸出地方归拢，然后将熨斗推向中裆侧缝处，捏住中裆部位向外拔烫。紧接着从中裆略上处向脚口推烫

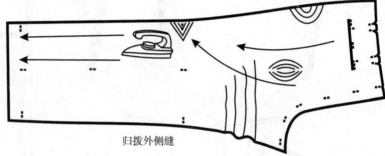

归拔外侧缝

（3）将归拔后的裤片以烫迹线为界对折。从中裆处开始，将臀部圆势推烫，使其圆顺凸出、造型美观，接着向脚口处熨烫平服

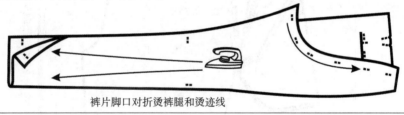

裤片脚口对折烫裤腿和烫迹线

4.绷缝前裤绸、前裤片锁边	（1）将裤绸底边毛缝折光后包缝，然后以大针码平缝固定在裤片上，缝份 0.5 cm （2）将前裤片按图示锁边 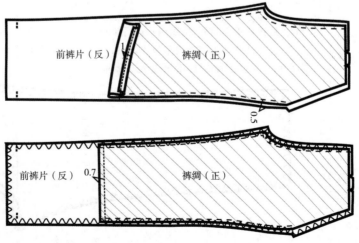 单位：cm

5. 做斜插袋	(1) 斜插袋制作过程参加部件工艺制作——斜插袋制作工艺。下图为斜袋口修掉多余部分效果 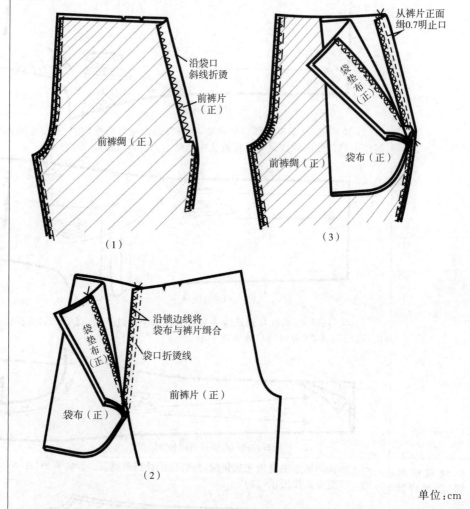 单位:cm
6. 后裤片锁边、后裆缝滚边	(1) 将后裤片正面朝外,按照图示进行锁边(后腰口和裆缝处不锁边) (2) 后裤片裆缝处采用滚边条包边,将后裤片正面裆缝处朝外,将滚边条两边折光滑,折后宽度 0.5 cm 包住后裆缝,沿滚边条边缘缉 0.1 cm 明线 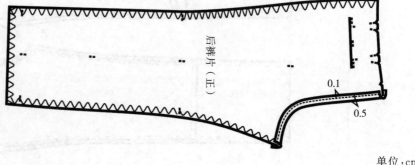 单位:cm

7. 后腰收省	裤片反面朝外,将省道两边刀眼对齐,沿省边线合缉,要求缉线顺直,在省尖处不能有凹势,然后将省缝烫倒 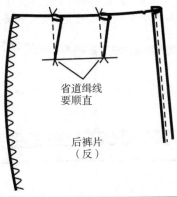
8. 做后袋	(1) 做双嵌线口袋,参见部件制作工艺——双嵌线口袋制作工艺 (2) 将做好的袋布周边采用滚边设计,先将双层袋布抚顺,沿边缘兜缉一圈固定,然后如图示将滚边条包住袋口三周,以 0.1 cm 明缉线进行滚边,最后修剪线头,翻至正面盖水布熨烫平服 (3) 将袋布上口与腰头修剪平齐,并以 0.5 cm 宽度缉合 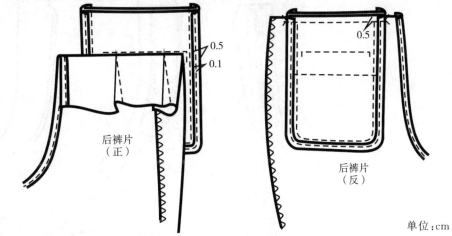 单位:cm
9. 缉缝外侧缝	(1) 将前片与后片正面相对,沿腰头缉缝 1 cm 至脚口。 **注意**:前片袋口部分将袋布掀开,只与袋垫布缝合,然后烫分开缝,并将袋布多出的边向内折光熨烫平服 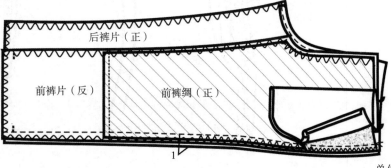 单位:cm

（2）将折好的袋布以 0.1 cm 缝份闷缉在后片侧缝缝份上

（3）以 0.7 cm 宽在前袋下缘缉明线,翻至正面,熨烫平服

（4）在腰头,以 0.5 cm 缝份将袋布固定到腰头上

前裤片（反）　前裤绸（正）　0.7　0.5　0.1

后裤片（反）

单位:cm

| 10.绱拉链 | （1）做门襟、装门襟(参见部件制作工艺:男西裤门襟制作方法) |
| | （2）做里襟(参见部件制作工艺:男西裤里襟制作,将直里襟换成弧线形里襟) |

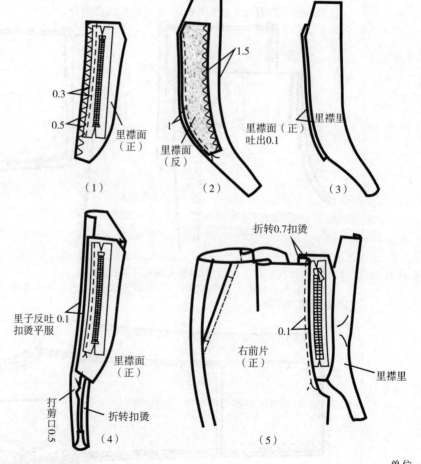

单位:cm

| 11. 做串带襻、缉串带襻 | （1）做串带襻：将串带襻反面朝外对折后缉缝 0.5 cm 缝份，翻至正面将缝份朝内居中，在外边缘各缉 0.1 cm 明线 |

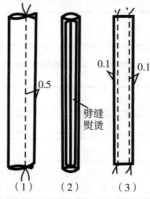

（1）　（2）　（3）

（2）缉串带襻：按下图位置定串带襻。串带襻总量 6 根，左右对称分布在裤片上，以左裤片为例，前片褶裥处设 1 根、距后裆缝净缝 3～4 cm 处设第 2 根，第 1 根和第 2 根的中间设第 3 根。将裤襻放顺，倒回针封 0.5 cm 和 2 cm 两道线固定在裤片上

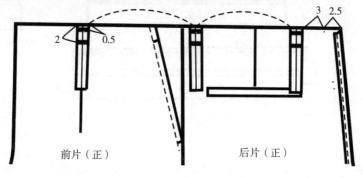

前片（正）　　　　　　　　后片（正）

单位：cm

| 12. 腰面烫腰衬 | 按图示将专用男西裤腰衬烫到左右腰头反面，要烫牢固 |

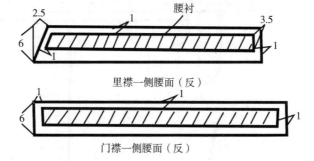

里襟一侧腰面（反）

门襟一侧腰面（反）

单位：cm

13. 做腰头、装腰头	(1) 按图示将腰里上口压住腰面下口,缉 0.1 cm 明缉线,腰面被压住缝份为 0.7 cm (2) 扣烫腰口,将腰面沿腰口净线(衬边宽)向反面折转扣烫,使腰面反吐 0.3 cm (3) 修剪腰头缝份,以门襟一侧腰头为例,按图示修剪腰头缝份 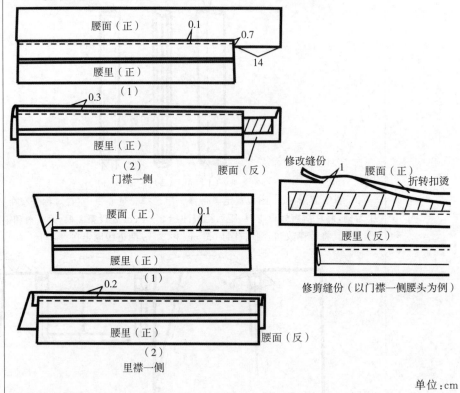 单位:cm
14. 装腰头	将左右腰头与裤片正面相对,以 1cm 缝份缉合到裤片上。**注意:**在门襟一侧的腰头只缉到前裤片内裆腰口处,门襟处不缉线 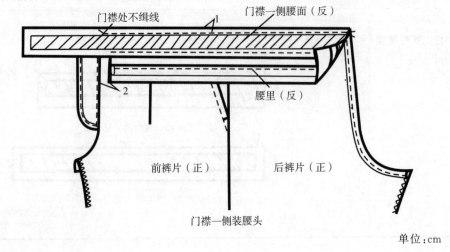 门襟一侧装腰头 单位:cm

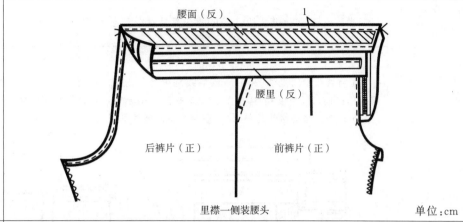

里襟一侧装腰头   单位:cm

15. 缉合内裆缝	(1) 将前后片的内裆缝对齐,沿净缝线缉合

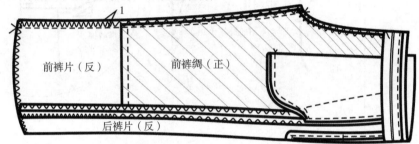

(2) 将缝好的内裆缝缝份劈开,熨烫平服

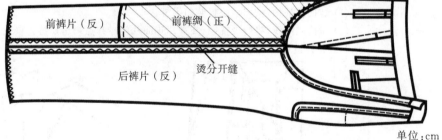

单位:cm

16. 缉合下裆缝	(1) 将左右裤腿正面相合对齐,沿拉链止点缉缝下裆线,缉至后腰头(注意:缉至后腰头时,将腰里拉开一直缉至腰里上口);由于后裆部吃力较多,故缉双线固定,且两条线不能有偏差 (2) 然后将后裆缝放在烫凳上劈烫平整

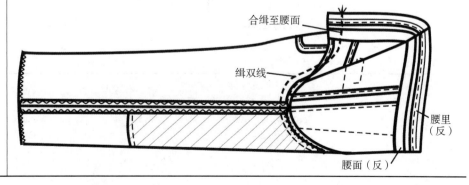

17. 门襟装拉链	门襟装拉链:将拉链装到门襟上(参见部件制作工艺:男裤门襟制作)
18. 做门襟腰头	(1)将腰头沿门襟外3.5~4 cm的线翻至裤片正面,毛边折转扣烫,使扣烫后的腰头边缘和门襟内口线宽度相等,按图示沿腰头上口缉线缝合,下口缉合至门襟外口线 (2)按图示修剪腰头缝份,修剪后翻至正面熨烫平服 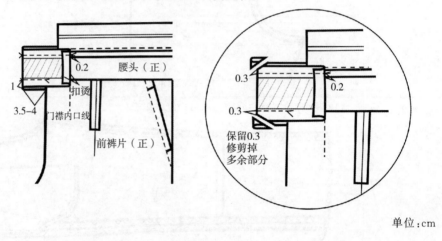 单位:cm
19. 装门襟裤钩、缉门襟明线	(1)装门襟裤钩:按图示位置装门襟裤钩 (2)缉门襟明线,将门襟抚顺,在裤片正面从门襟起点缉至拉链止口点,线宽3~3.5 cm,明缉线在拉链止口处倒回针固定,或打套结 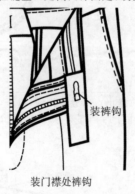 装门襟处裤钩 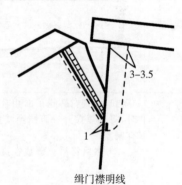 缉门襟明线 单位:cm

20. 装里襟裤钩、缉里襟里子	（1）装里襟裤钩：将拉链拉合，对应门襟搭钩的位置，装里襟裤钩 （2）缉里襟里子：将扣烫好的里襟里与里襟面子按图示缉缝，缝份为 0.3～0.5 cm，里襟下端缉缝在裆缝过桥上。在缉线止口距里襟边缘 1 cm 处封套结或倒回针然将里襟及里襟里子与门襟固定 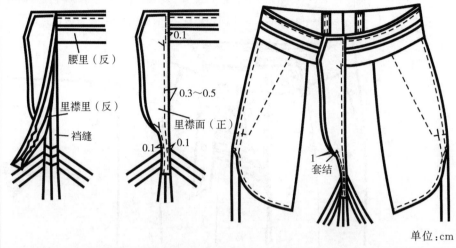 单位：cm
21. 缝合腰里	裤片翻至正面，沿腰头和裤片腰位处的缝份缉线，将腰里下口内层一起缉合。 **注意**：将腰里上层拉起，缉住内层布料。左右腰头分开缉线 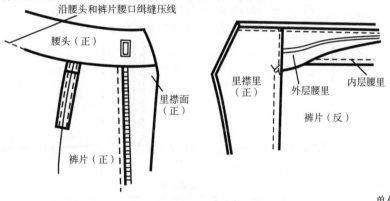 单位：cm
22. 固定串带襻上端	将串带襻上端折光扣烫，扣烫后的串带襻上端对齐腰口，倒回针固定或者打套结固定在腰面上。要求串带襻要放正，不能歪斜 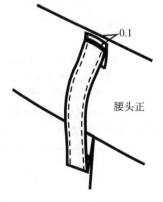 单位：cm

23. 锁扣眼、钉扣子	（1）腰头钉扣锁眼：在裤片门襟一侧腰头距边缘 1 cm 处锁扣眼；拉合拉链后对应位置里襟腰头处缝一粒扣，相隔 1 cm 再缝 1 粒备用扣 （2）里襟腰头处按图示位置距离边缘 0.5 cm 锁扣眼，对应位置门襟一侧腰里上缝 1 粒扣 （3）后袋锁眼钉扣：后袋中间距袋口 1 cm 处锁扣眼，在袋垫布的对应位置钉扣 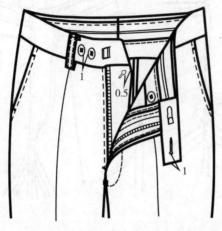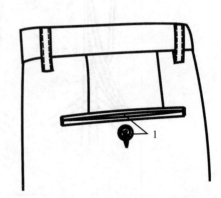 单位:cm
24. 缲裤脚边	翻至裤子反面，裤脚边按照净缝线（或使用脚口烫板）向内扣烫平服，然后左手捏裤脚，右手用手缝针从左向右用三角针缲裤脚边 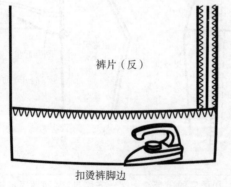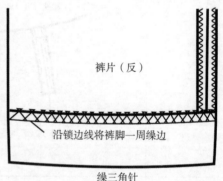 扣烫裤脚边　　　　　　　　　缲三角针 单位:cm
25. 整烫	（1）烫裤子腰头：翻至裤子正面，将裤腰套在烫凳上，熨烫平整，同时熨烫侧袋、后袋、前腰褶、后腰省、串带襻等。 **注意**：熨烫时，盖水布，喷水熨烫，熨斗温度要适中 （2）烫裤腿：将裤腿侧缝对内裆缝放平，盖烫布、喷水将两只裤管烫平、烫实。 **注意**：熨烫时先将烫迹线，从腰褶烫至裤口，压实烫平 （3）归拔臀部和腰部：将臀位向外喷水推烫，将中裆与横裆间的凸势向内归拢，烫平横裆，向下推烫至整个裤管烫平整

◎ 思考与练习

1. 掌握男西裤装门里襟拉链的方法和技术要点。

2. 掌握女西裤门襟的外形特点和女西裤装拉链的方法。

3. 掌握牛仔裤拉链结构,及其制作的步骤和方法,能熟练装拉链。

4. 了解男西裤双嵌线、单嵌线后袋的制作步骤,熟练掌握双嵌线、单嵌线制作的方法。

5. 熟练掌握直插袋、斜插袋的外形特点、制作方法和步骤。

6. 了解月牙袋的外形特点,熟练掌握月牙袋的制作方法和步骤。

7. 掌握常用熨烫方法,及熨烫过程中的注意事项。

8. 掌握裤片的归拔及裤装的整烫方法。

9. 掌握男、女西裤在腰头制作上的主要区别,熟练掌握男西裤左右腰头的缝制方法。

10. 掌握裤装的工艺组合技术与技巧。

11. 熟练掌握男西裤的款式特征、各环节的工艺流程和缝制方法。

12. 掌握裤装各环节及部件的质量检验标准。

项目六 衬衫的缝制

◎ **项目内容**

任务一:衬衫部件缝制;任务二衬衫缝制流程。

◎ **教学安排**

16 学时。

◎ **教学目的**

通过对衬衫各部位缝制方法的学习与了解,掌握衬衫的工艺组合技术与技巧,锻炼动手操作能力,培养学生衬衫制作工艺及衬衫工艺流程的设计能力。

◎ **教学方式**

示范式、启发式、案例式、讨论式。

◎ **教学要求**

1. 在教师示范和指导下,掌握衬衫部件的裁配方法与黏衬要求。
2. 掌握衬衫部件的不同缝制方法。
3. 实操过程中,掌握衬衫各环节工艺流程与工艺标准。
4. 在完成男衬衫的缝制基础上,掌握衬衫工位工序排列。

◎ **教学重点**

衬衫衣领的缝制及衬衫的缝制流程。

任务一　衬衫部件缝制

　　衬衫是服装产品中出镜率较高的品种之一,按其功能分类主要有内穿式和外穿式,按穿着场所可分为休闲衬衫、职业衬衫、礼服衬衫等。成品衬衫的缝制主要由衬衫领子的缝制、衬衫袖子的缝制、衬衫袖开衩缝制、衬衫门襟的缝制、衬衫底摆的缝制五部分组成,下面将对男女衬衫的部件的不同缝制方法进行介绍。

一、衬衫领子的缝制

(一)典型衬衫领制作

工序名称	典型衬衫领	工序步骤	5步	成品效果图
设备、工具	平缝机、熨斗、烫台			
材料准备	领面2片,领底2片,模拟衣身一件,黏合衬			
工序详解	制作图示及说明			

1. 准备	(1)领面2、领底2背面烫衬

续表

2. 做领面	(1) 将领面与领面里正面相对,沿边车缉 0.8~0.9 cm,剩余 0.1~0.2 cm 为面料厚度和虚边量,然后把领面修剪至 0.5 cm 后翻至正面熨烫平服 (2) 在领面正面机缝 0.1~0.2 cm 明线

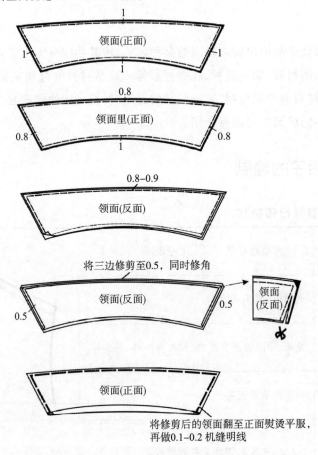

将修剪后的领面翻至正面熨烫平服,
再做0.1-0.2 机缝明线

单位:cm

3. 做领底	(1) 将领底与领底里按净缝线分别扣烫,弧脚位置打剪口处理平顺

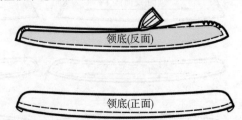

续表

4. 领面与领底缝合	(1) 将扣烫好的领底、领面如图下放置,进行一周假缝 (2) 将假缝后的领底翻至正面整烫平服,进行 0.1 cm 明线机缝,从距领面下端口 2 cm 起针至另一端 2 cm 止 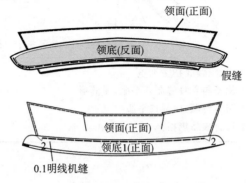 单位:cm
5. 绱领子	(1) 将做好的领子和衣身按对位点进行缝合 (2) 将领底里的下边缘线与衣身领窝线 1 cm 缝合 (3) 将领底的下边缘 1 cm 扣烫与衣身 0.1 cm 明线缝合 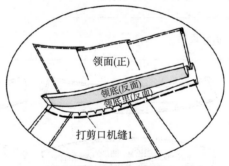 先将领底一边与衣身领窝1 cm缝合 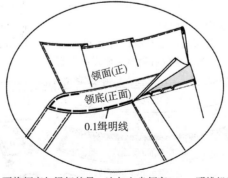 再将领底扣烫好的另一边与衣身领窝0.1 cm明线机逢 单位:cm

续表

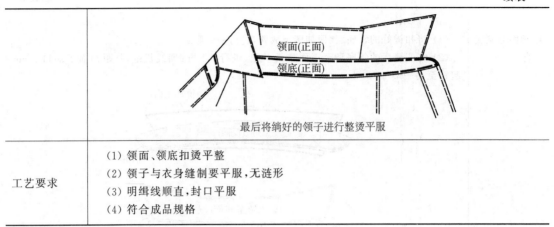

最后将绱好的领子进行整烫平服

工艺要求	(1) 领面、领底扣烫平整 (2) 领子与衣身缝制要平服,无涟形 (3) 明缉线顺直,封口平服 (4) 符合成品规格

(二) 立领制作

部件名称	立领	工序步骤	3步	成品效果图
设备、工具	平缝机、熨斗、烫台			
材料准备	领面2片,模拟衣身一件,黏合衬			
工序详解	制作图示及说明			

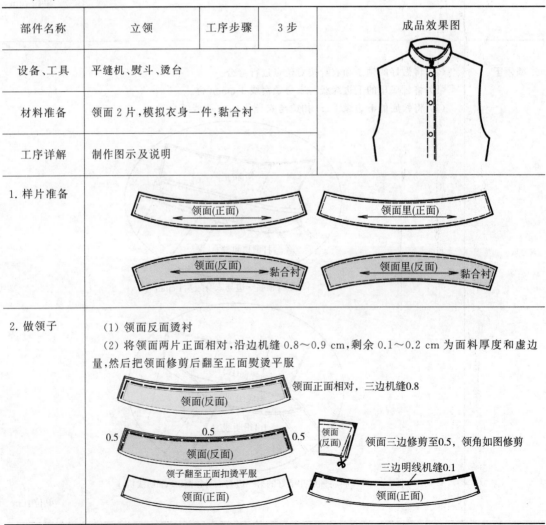

1. 样片准备

2. 做领子

(1) 领面反面烫衬

(2) 将领面两片正面相对,沿边机缝0.8~0.9 cm,剩余0.1~0.2 cm为面料厚度和虚边量,然后把领面修剪后翻至正面熨烫平服

续表

3. 缱领子	(1) 将领面下口与衣身领窝按对位标记 1 cm 净样机缝 (2) 将领子竖起扣烫,领面下口另一边折烫 0.8 cm 与衣身领口进行机缝,要求明线从衣身正面领下口 0.1 cm 处出现 将领面下口线与衣身领口线按对位标记机缝1

将领面下口线与衣身领口线按对位标记机缝1

0.1明线机缝　　　　0.1的里外匀口

领面里(正面)

前(反面)　　后衣片(反面)　　前(反面)

领(片面)

后衣片(正面)

单位:cm

工艺要求	(1) 领面 0.1 cm 里外匀要烫平整 (2) 领面平服无涟形,下领面边缘不外露,线迹顺畅 (3) 明缉线顺直,封口平服 (4) 符合成品规格

(三) 企领制作

部件名称	企领	工序步骤	3 步	成品效果图
使用设备、工具	平缝机、三线包缝机、熨斗、烫台			
材料准备	领面 2 片,模拟衣身一件,黏合衬			
工序详解	制作图示及说明			
1. 样片准备				

0.7　　　　　　0.7

领面(正面)　　　　领面(反面)

0.7　　　　　　0.7

0.7　　　　　　0.7

领底(正面)　　　　领底(反面)

0.7　　　　　　0.5

续表

2. 做领子	(1) 领底烫衬 (2) 将领面与领底正面相对,沿边车缉 0.5 cm,剩余 0.1～0.2 cm 为面料厚度和虚边量 (3) 将机缝好的领子按缝迹线进行扣烫平服,弧边线进行剪口量处理 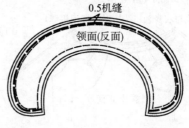 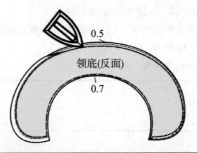 单位:cm
3. 绱领子	(1) 将做好的领子翻至正面扣烫平服 (2) 领底正面与衣身正面相对,领口弧度与衣身领弧对齐,1 cm 机缝。最后领弧包缝 (3) 将绱好的领子翻至正面,在衣身领窝线 0.1 cm 处机缝明线 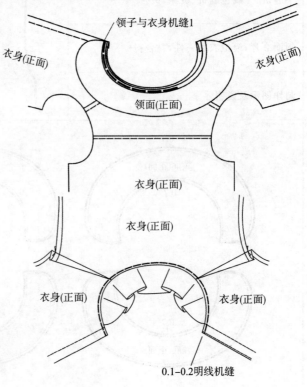 单位:cm

工艺要求	(1) 领面、领底扣烫平整 (2) 领子与衣身缝制要平服,无涟形 (3) 明缉线顺直,封口平服 (4) 符合成品规格

(四) 开门领制作

部件名称	开门领	工序步骤	3 步	成品效果图
使用设备、工具	平缝机、三线包缝机、熨斗、烫台			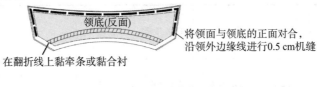
材料准备	领面 1 片,领底 1 片、模拟衣身一件、黏合衬			
工序详解	制作图示及说明			

1. 样片准备	图示

单位:cm

2. 做领子	(1) 领面反面烫衬,分领线位置烫牵条或黏合衬 (2) 0.5 cm 机缝三边 (3) 翻至正面扣烫 (4) 领正面 0.1 cm 机缝明线 (5) 做出翻折量

在翻折线上黏牵条或黏合衬

将领面与领底的正面对合,
沿领外边缘线进行0.5 cm机缝

在翻折线上黏牵条或黏合衬

翻至正面扣烫,让领面盖领底0.1

单位:cm

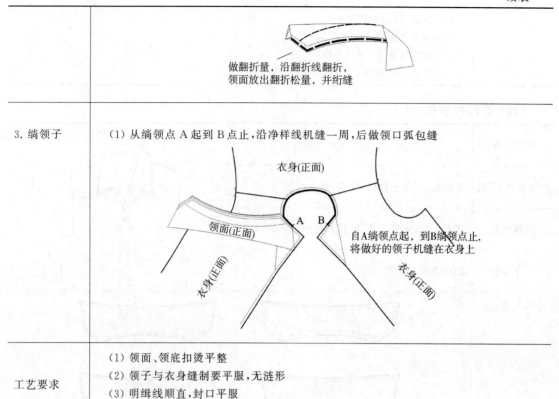

3.绱领子	(1)从绱领点 A 起到 B 点止,沿净样线机缝一周,后做领口弧包缝
工艺要求	(1)领面、领底扣烫平整 (2)领子与衣身缝制要平服,无涟形 (3)明缉线顺直,封口平服 (4)符合成品规格

二、衬衫袖子的缝制

(一)宽松袖制作

部件名称	宽松袖	工序步骤	3 步	成品效果图
使用设备、工具	平缝机、三线包缝机、熨斗、烫台			
材料准备	袖身1片,模拟衣身1件			
工序详解	制作图示及说明			

续表

1. 样片准备	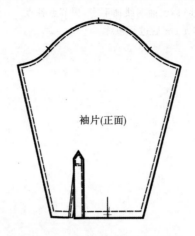 袖片(正面)
2. 绱袖子	（1）衣身正面与袖片正面相对，绱袖点与袖山顶点对应机缝 1 cm，后包缝 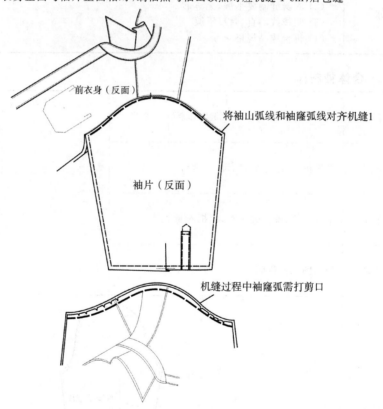

3. 合袖缝	(1) 将袖口点、袖肘线袖十字,腰节点各点 对位,机缝 1 cm 后进行包缝	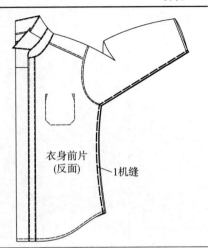
工艺要求	(1) 绱袖扣烫平整 (2) 衣身缝制要平服,无涟形 (3) 明缉线顺直,封口平服 (4) 符合成品规格	

(二) 合体袖制作

部件名称	合体袖	工序步骤	3 步	成品效果图
使用设备、工具	平缝机、三线包缝机、熨斗、烫台			
材料准备	袖片 1 片,袖克夫 1 片,模拟衣身 1 片			
工序详解	制作图示及说明			
1. 样片准备	袖身(正面)			

2.合袖子	（1）将袖侧缝拼合机缝，扣烫平整 （2）将袖克夫与衣身袖口机缝，扣烫平整 （3）袖口吃量均匀分配 （4）将收好的袖山与衣身袖窿缝合 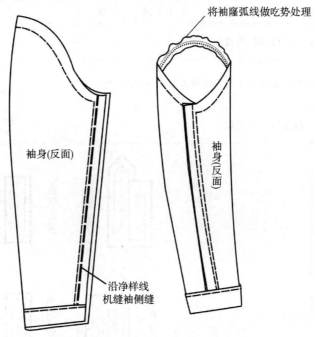
3.绱袖子	（1）将收好后的袖山弧线与衣身的袖窿弧线净样机缝，将吃势平均分配 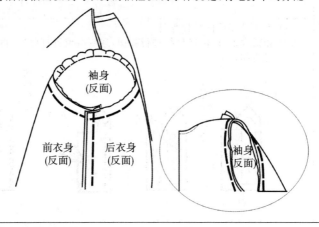
工艺要求	（1）明缉线顺直，封口平服 （2）符合成品规格

三、衬衫袖开衩缝制

（一）典型男衬衫袖衩制作

部件名称	袖衩	工序步骤	3 步	成品效果图
使用设备、工具	平缝机、熨斗、烫台			
材料准备	大小袖衩各 1 片，模拟衣袖 1 片、黏合衬			
工序详解	制作图示及说明			

1. 样片准备	 单位:cm
2. 扣烫大袖衩	（1）大小袖衩反面净样黏衬 （2）扣烫大袖衩:沿净样线进行扣烫,遇剑头位置打剪口,再扣烫 　　　对折扣烫 单位:cm
3. 扣烫小袖衩	（1）小袖衩除上边缘外其余三边净样扣烫 单位:cm

4. 绱袖衩	（1）大袖衩扣烫完毕后,在左侧折边处做 0.1 cm 的明线机缝 （2）在袖身上确定袖开衩位置,做开口 （3）将做好的小袖衩放置左边开衩口固定机缝 0.1 cm 明线 （4）放置大袖衩在袖开衩处,做 0.1 cm 明线

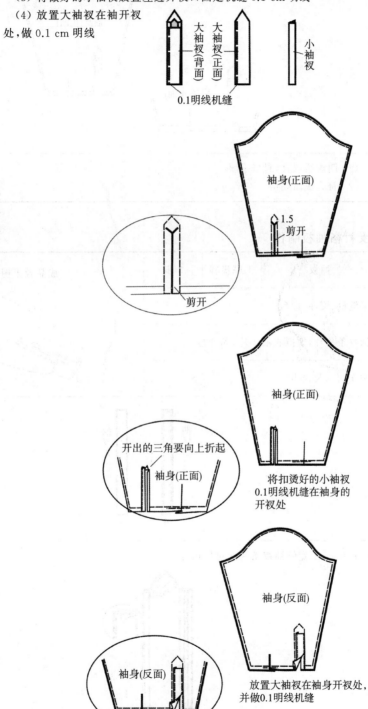

单位:cm

续表

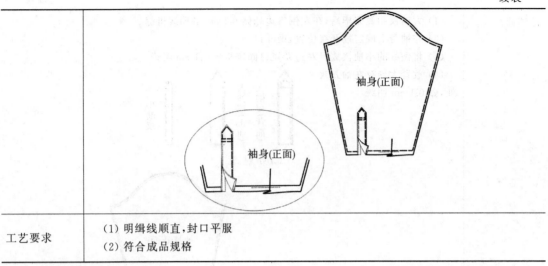

| 工艺要求 | (1) 明缉线顺直,封口平服
(2) 符合成品规格 |

(二) 典型女衬衫袖衩制作

部件名称	袖衩	工序步骤	3 步	成品效果图
使用设备、工具	平缝机、熨斗、烫台			
材料准备	袖衩条 1 片,模拟衣袖 1 片,黏合衬			
工序详解	制作图示及说明			

1. 样片准备	袖衩条(反面) 粘衬　袖衩条(正面) 4　4 单位:cm
2. 做袖衩	(1) 将 4 cm 宽的袖衩条两次对折扣烫 对折扣烫

续表

3.装袖衩	(1) 将做好的袖衩条对齐袖片底摆开衩处,如图包覆在袖衩口距包口边 0.1 cm 固定机缝明线 (2) 将机缝好的袖衩条做三角机缝固定 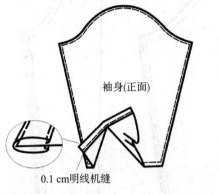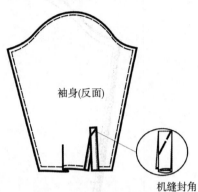
工艺要求	(1) 明缉线顺直,封口平服 (2) 符合成品规格

袖身(正面)　　　袖身(反面)

0.1 cm明线机缝　　　机缝封角

(三) 简装袖衩制作

部件名称	简装袖衩	工序步骤	3 步	成品效果图
使用设备、工具	平缝机、熨斗、烫台			
材料准备	大袖 1 片,模拟袖克夫 2 片			
工序详解	制作图示及说明			
1.样片准备				

先将袖片侧缝进行包逢

2. 合袖缝	（1）将袖衩点、袖肘点与腋下点对位，1 cm 机缝至衩点位置
	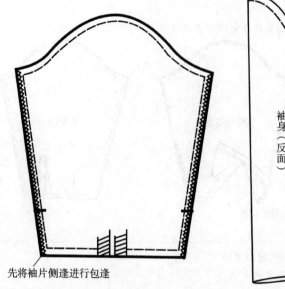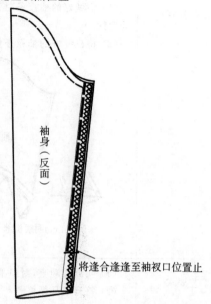袖身（反面） 先将袖片侧缝进行包缝　　将缝合缝缝至袖衩口位置止
3. 装克夫，封衩口	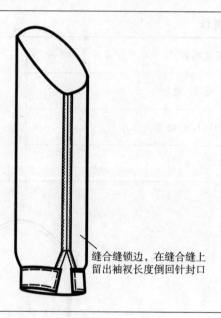缝合缝锁边，在缝合缝上留出袖衩长度倒回针封口
工艺要求	（1）明缉线顺直，封口平服 （2）符合成品规格

232

四、衬衫门襟的缝制

（一）明门襟制作

部件名称	门襟	工序步骤	2 步	成品效果图
使用设备、工具	平缝机、熨斗、烫台			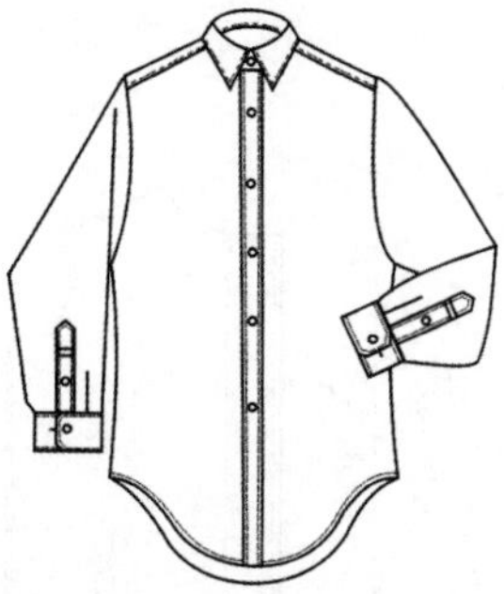
材料准备	前右衣身 1 片、前左衣身 1 片、门襟 1 片			
工序详解	制作图示及说明			

1. 样片准备

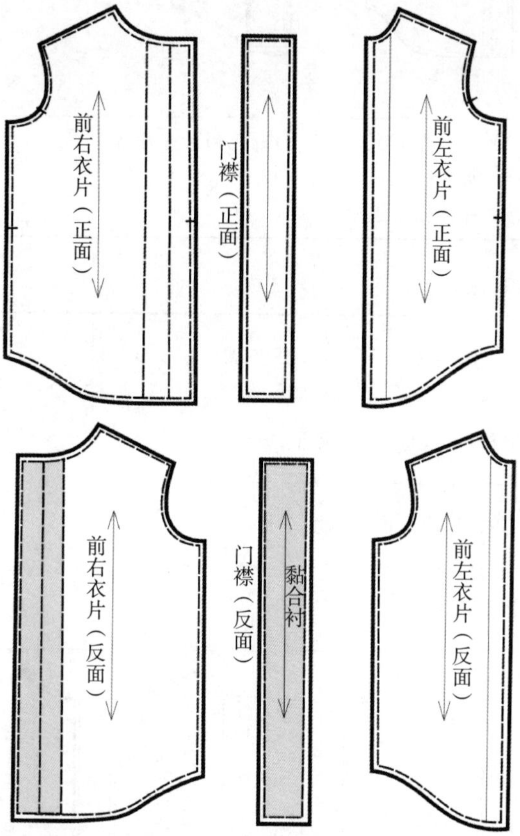

2. 做门襟	(1) 门襟烫衬,前后衣片下摆包缝 (2) 将门襟与左前片正面相合,沿边车缉 0.8～0.9 cm,剩余 0.1～0.2 cm 为面料厚度和虚边量,然后把门襟翻至前片反面熨烫平服
	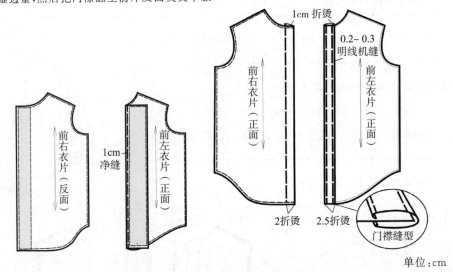 单位:cm
工艺要求	(1) 门里襟平服,拉链不外露,齿牙平服无涟形 (2) 明缉线顺直,封口平服 (3) 符合成品规格

(二) 暗门襟制作

部件名称	暗门襟	工序步骤	3 步	成品效果图
使用设备、工具	平缝机、三线包缝机、熨斗、烫台			
材料准备	前右衣身 1 片、前左衣身 1 片			
工序详解	制作图示及说明			
1. 样片准备				

2. 做领面	（1）门里襟位置分割烫衬,弧线边拷边 （2）先将门襟 1 cm 外折扣烫,再将门襟 2.5 cm 外折扣烫,并做 0.1 cm 明线缉缝 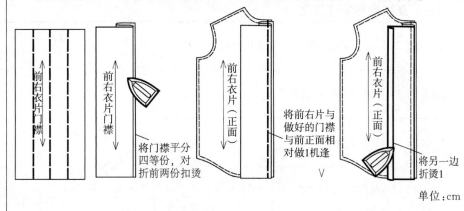 　　　　　　　　　　　　　　　　　　　　　　　　　　　　　　单位:cm
3. 做里襟	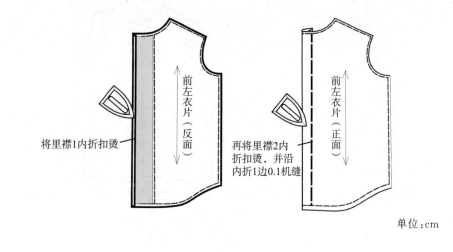 　　　　　　　　　　　　　　　　　　　　　　　　　　　　　　单位:cm
工艺要求	（1）门里襟平服,拉链不外露,齿牙平服无涟形 （2）明缉线顺直,封口平服 （3）符合成品规格

五、衬衫底摆的缝制

（一）直线底摆制作工艺

部件名称	直线底摆	工序步骤	2步	成品效果图
使用设备、工具	平缝机、熨斗、烫台			
材料准备	模拟衣身1件			
工序详解	制作图示及说明			

1. 样片准备

2. 做底摆

0.1~0.3

直线底摆卷边，
内折1 cm，再2~3 cm扣烫
并沿1 cm内折边进行0.1~0.3机缝

单位：cm

工艺要求	(1) 明缉线顺直，封口平服 (2) 符合成品规格

（二）弧线底摆制作工艺

部件名称	弧线底摆	工序步骤	3 步	成品效果图
使用设备、工具	平缝机、三线包缝机、熨斗、烫台			
材料准备	前片底摆贴边 2 片、后片底摆贴边 1 片、模拟衣身下摆 1 片			
工序详解	制作图示及说明			

1. 样片准备	

衣身样片

4　前片底摆贴边

4　后片底摆贴边

单位:cm

2. 做贴边	

前片底摆贴边

将前后底摆贴边对位缝合

后片底摆贴边

3. 缲贴边做底摆	

将贴边与衣身样片正面相对0.5 cm机缝

衣身样片(正面)

底摆贴边(反面)

衣身样片(反面)

后片底摆贴边(正面)

翻至贴边正面扣烫，做0.1的里外匀

衣身样片(反面)

距底摆线1.5 cm明线机缝

工艺要求	（1）贴边明缉线顺直，平服无涟形 （2）符合成品规格

任务二　衬衫缝制流程

一、款式特点

尖角翻立领,六粒扣,左前身胸贴袋一个,装后边肩,后片左右裥各一个,直摆缝,弧下摆,装袖,袖口开衩两个裥,装斜角袖克夫。

二、款式造型

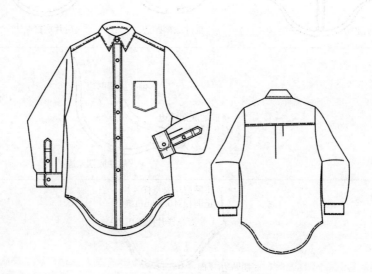

三、工艺流程

排版、裁片、黏衬——做门里襟——做贴袋——做后片、合覆肩——缝合肩缝——做领子、绱领子——做袖衩、装袖衩——做袖克夫、装袖克夫——绱袖子——缝合侧缝——缝合底摆——整烫、检验。

四、工艺要求

整体美观,内外无线头;左右绱领点要一致,衣领圆头要圆顺,对称,缉线顺直,底领面里要平服,无起皱现象;袖山无褶,无皱,左右袖对位,装袖圆顺;缉线顺直,无涟形,封口不吊紧;整烫平服,无焦、无黄、无极光。

五、缝制方法

产品名称	男衬衫	工序步骤	16 步
使用设备、工具	平缝机、三线包缝机、熨斗、烫台		
材料准备	前衣片 2 片、后衣片 1 片、领面、领座各 2 片、覆肩 2 片、袖子 2 片、大小袖衩各 2 片、左右袖克夫各 2 片、贴袋 1 片 配色线 机针 黏合衬		
工序名称	制作图示及说明		
1. 样片准备	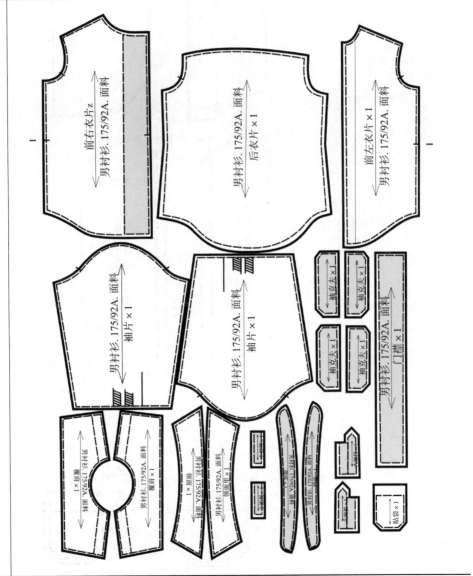		

2. 做门里襟	（1）门襟、里襟分别烫衬 （2）门襟与右前片正面相合，沿边车缉 0.8～0.9 cm，剩余 0.1～0.2 cm 为面料厚度和虚边量，然后把门襟 2.5 cm 对折扣烫 （3）前左片 1 cm 折边后再对折扣烫 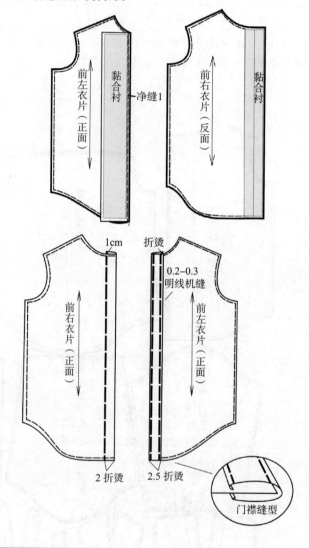 单位：cm
3. 做胸袋	袋口贴边毛宽 3 cm，两折后净宽为 2 cm，袋口贴边缉线，其余三边均扣光毛缝 0.8 cm 

4. 装胸袋	将袋布平覆在左前片的袋位点上,如有条格要对齐,从左起针,止口 0.1 cm,袋口为直角三角形,最宽处止口为 0.5 cm,,左右封口大小相等。缉时衣片略拉紧,以防起皱 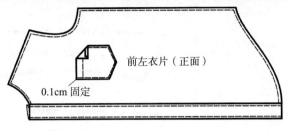 单位:cm
5. 装过肩	(1) 先将过肩面面相对,再将后片夹在中间,这时后片面与过肩面相对,按缝份大小缉线。注意三片中心眼刀对齐,后片正面按眼刀打明裥一只。前片肩缝掏缉 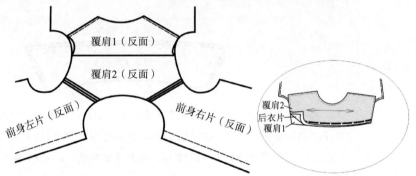 　　(2) 将衣片翻到正面,按图示压缉明线 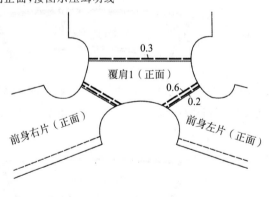 单位:cm

6.做翻领	(1)修剪翻领缝份:将二层翻领衬贴于领面的反面处,领面 1 为翻领面,领面 2 为翻领里,缝份大小如下图所示

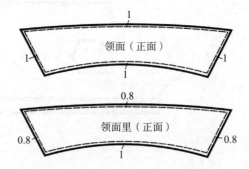

(2)绲合翻领:将贴好衬的翻领面与翻领里面面相对,绲合翻领面与翻领里,下层领底拉紧,使其做出里外容的窝势,见下图所示

(3)修剪缝份并整烫翻领:先将缝份修剪成 0.5 cm,尖角处修剪成宝剑头形,留缝份 0.2 cm。将缝份向领衬方向折转上口和两边,再将翻领翻出,领尖用锥子,从里向外翻足,不能毛出。最后将领里朝上,进行整烫。注意领里向里 0.1 cm,不能反吐,烫时要有窝势

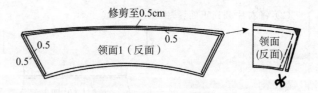

(4)绲翻领止口明线:止口明线有宽、窄两种,根据整件明线规格而定,一般为 0.2 cm。在正面绲止口时要将领面向前推送,以防止起涟形,转角处不能缺针,止口不能反吐,见下图所示

单位:cm

7.做底领	（1）缉底领下口明线：将底领 1（底领里）扣净后在底领正面缉 0.6 cm 明线，底领余下的三边扣出净线标记，见下图所示

（2）缉合翻领、底领：翻领夹在底领面与底领里的中间，底领里与翻领面的正相相对，沿底领里上的净线缉合，三层眼刀分别对准，由于翻领比底领长出 0.3 cm，所以底领在肩缝处要拔长一点，或翻领在颈肩点处略有吃势

（3）缉底领止口线：先将底领两端圆头内缝修成 0.3 cm，用大拇指顶住圆头翻出，圆头要圆顺，后沿翻底领接合处缉底领里侧缉一道明线，明线宽为 0.2 cm。两端 3～4 cm 处不缉。注意底领面一处不能有坐势，见下图所示

8.装领子	（1）缉合底领里与领圈：衣片领圈正面朝上，将底领 2 的正面与衣片领圈的正面相对，缉合时，底领面两边缩进 0.1 cm 与衣片领口缝合。底领面中点与领窝中点对准，左右肩点对称。一般领子比领圈略长 0.3 cm，所以在领圈肩缝处拉宽一点，其余不允许。领圈绝不能大于领子，如下图所示

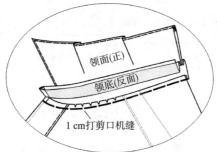

先将领底一边与衣身领窝1 cm缝合

（2）缉合底领面与领圈：将底领 1 盖住领圈与底领 2 的缝线，先从右边领里上口断线处缉线，过圆头，再用咬缝的方法，沿下领底折边缉 0.1 cm 明线。注意门里襟两头要塞足、塞平，如下图所示

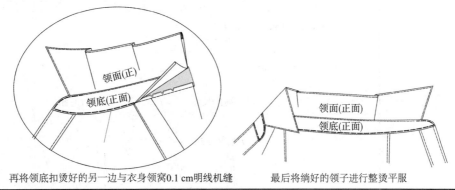

再将领底扣烫好的另一边与衣身领窝0.1 cm明线机缝　　　　最后将绱好的领子进行整烫平服

9. 烫袖衩	扣烫门里襟开叉条:里襟开叉条的为长方形,两边扣净,扣净好后,下层比上层露出0.1 cm。门襟开叉条为宝剑头形,宝剑头处都扣净 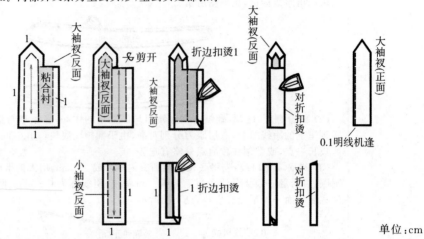 单位:cm
10. 装袖衩	具体步骤见前面任务一:典型袖衩制作工艺 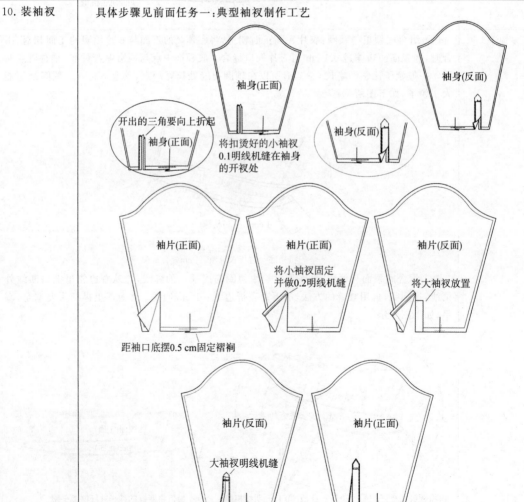

11. 绱袖子	（1）绱袖在衣身敞开状态下进行，缉时袖片在下，衣身在上，正面相对，袖窿与袖山对齐，袖山眼刀对准肩缝，肩缝倒向后身，袖山头基本无吃势，否则袖山起皱。 （2）左右袖对位，最后肩缝、袖窿缝份修正拷边，如下图所示 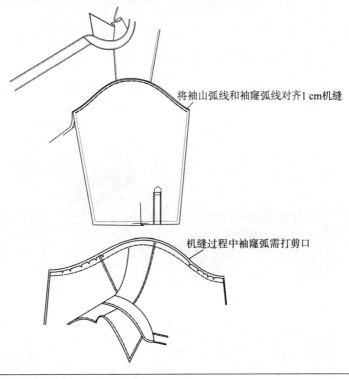 将袖山弧线和袖窿弧线对齐1 cm机缝 机缝过程中袖窿弧需打剪口
12. 拼合袖缝 及衣身侧缝	缉合摆缝、袖底缝：前衣片放上层，后衣片放下层。右身从袖口向下摆方向缝合，左身从下摆向袖口方向缝合。上下松紧要一致，两边要对齐，袖底十字要对齐，然后将袖底缝、摆缝拷边，上下层衣片无吃势。袖口、底摆及袖底十字缝要对齐。如下图所示 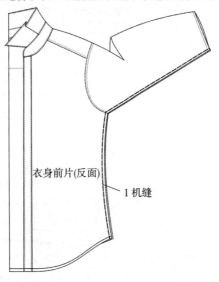 衣身前片(反面)　　1机缝 单位:cm

13. 做袖克夫	(1)扣烫:将袖克夫面扣净后在上口正面缉 0.6 cm 明线,底领余下的三边扣出净线标记,如下图所示

翻折扣烫

袖克夫(反面)

(2)勾缉:将两片袖克夫正面相对,按净样线勾缉三周

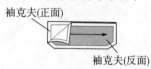

袖克夫(正面)

袖克夫(反面)

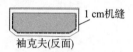

1 cm机缝

袖克夫(反面)

(3)熨烫:注意里外匀

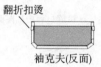

翻折扣烫

袖克夫(反面)

袖克夫(正面)

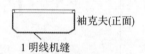

袖克夫(正面)

1 明线机缝

单位:cm

14. 装袖克夫	用装袖衩的夹缉方法装袖克夫,袖头止口缉 0.1 cm 明线。注意袖衩两边要放平,缝份要找准。袖衩朝后袖折转,左右袖衩位要对称。袖底缝按拷边线正面坐倒,如下图所示

将做好的袖克夫放置袖身袖口处,上下对齐小袖衩止口,左右对齐大袖身袖口

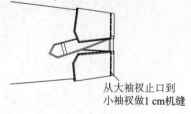

从大袖衩止口到小袖衩做1 cm机缝

袖克夫翻起将折烫好的一边0.1 cm与袖口边机缝

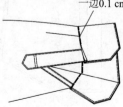

续表

15. 做底摆	（1）首先检查门里襟长度，将领口对齐，门里襟对合，允许门襟比里襟长 0.2 cm，不然则检查绱领缝份是否规范 （2）将前后底摆贴边勾绱，然后与衣片缝合，门襟处贴边毛缝扣净，底边压绱 1.5 cm 明线，见下图 工艺要求：底边明线宽窄一致，上下层松紧一致，无链形。两端底边不外露  单位:cm
16. 锁扣眼、钉扣及整烫	（1）锁衣身、袖口处扣眼，并钉扣 （2）一般先从前身门里襟，贴袋，后衣身及折裥进行熨烫 （3）然后袖子、袖头烫平 （4）最后把领烫挺，要留有窝势。要求无线头无污渍，各部位平整

◎ 思考与练习

1. 掌握衬衫各部件的名称及制作流程。

2. 熟练掌握衬衫的基本缝型工艺与技巧。

3. 熟练掌握衬衫领角的机缝、修剪、翻领以及烫领的方法与技巧。

4. 熟练掌握衬衫领的绱领方步骤与方法。

5. 掌握衬衫门襟制作的方法与技巧。

6. 熟练掌握衬衫一片袖与合体袖的绱袖特点与方法。

7. 掌握衬衫圆摆的熨烫、修剪、缝制方法与技巧。

8. 掌握衬衫袖口开衩的制作方法与技巧。

9. 熟练掌握袖克夫的缝制技巧与步骤。

10. 掌握贴袋的扣烫、缝制方法和制作技巧。

11. 掌握规律褶、自然褶的熨烫、缝制方法与技巧。

参考文献

1. brother EF4 - C11 超高速三线包缝机使用说明书

2. brother S - 6200DD 平缝机使用说明书

3. 陈正英. 服装制作工艺. 上海:东华大学出版社,2012.

4. 顾韵芬. 服装结构设计与制推板技术. 沈阳:辽宁美术出版社,2002.

5. 顾韵芬. 服装结构制图与工艺. 南京:东南大学出版社,2005.

6. 姜蕾. 服装生产工艺与设备. 北京:中国纺织出版社,2008.

7. 蒋淑静,史现素. 服装典型零部件制作工艺. 山东:山东科学技术出版社,2013.

8. 刘峰. 服装工艺. 北京:中国纺织出版社,2009.

9. 刘美华,赵欲晓. 服装纸样与工艺. 北京:中国纺织出版社,2013.

10. 陆鑫等. 服装缝制工艺与管理. 北京:中国纺织出版社,2014.

11. 吕学海. 服装结构制图. 北京:中国纺织出版社,2007.

12. 马腾文,殷光胜. 服装材料. 北京:化学工业出版社,2013.

13. 彭立云. 服装结构制图与工艺. 南京:东南大学出版社,2005.

14. 上海市职业能力考试院组编. 服装制版一中级. 上海:东华出版社,2008.

15. 孙兆全. 成衣纸样与服装缝制工艺. 北京:中国纺织出版社,2010.

16. 文化服装学院. 服饰造型讲座(3). 上海:东华大学出版社,2006.

17. 徐静,王允,李桂新. 服装缝制工艺. 上海:东华大学出版社,2010.

18. 许涛. 服装制作工艺——实训手册. 北京:中国纺织出版社,2013.

19. 阎玉秀等. 服装结构设计(上). 杭州:浙江大学出版社,2012.

20. 阎玉秀等. 服装结构设计(下). 杭州:浙江大学出版社,2012.

21. 姚再生. 成衣工艺与制作. 北京:高等教育出版社,2003.

22. 银箭 700k/988 包缝机使用说明书

23. 张文斌. 服装工艺学. 北京:中国纺织出版社,2000.

24. 张文斌等. 成衣工艺学. 北京:中国纺织出版社,2008.

25. 张文斌. 服装结构设计. 北京:中国纺织出版社,2006.

26. 中屋典子,三吉满智子. 服装造型学(技术篇Ⅰ). 北京:中国纺织出版社,2004.

27. 中屋典子,三吉满智子. 服装造型学(技术篇Ⅱ). 北京:中国纺织出版社,2004.

28. 朱秀丽,鲍卫君. 服装制作工艺基础篇. 北京:中国纺织出版社,2009.